読みなおす日本史

# 時計の社会史

角山榮

吉川弘文館

# 目　次

# シンデレラの時計

## シンデレラ12時の怪

「シンデレラ物語」といえば、誰もが知っている有名な童話、その話のハイライトは、時間の約束を守らなかったために、魔法がとけて、美女からたちまち、もとの一介のみすぼらしい娘の姿に変わってしまうところである。

「真夜中の十二時を少しでも過ぎてはいけない。もし十二時より少しでも長く舞踏会に残ったりすると、馬車はもとのかぼちゃに、馬は二十日ねずみに、従僕はとかげに、着ているものももとの古い服にもどってしまう」

このようにシンデレラは、仙女から約束の時間を守るよう厳しい注意をうける。

第一日目の夜は、時計が十一時四十五分の時を打つのをきくや、シンデレラは急いでお城を抜け出し、約束の時間に遅れないように帰ってきた。ところが二日目の夜は、舞踏会に時のたつのも忘れ、はっと気がついてみると、時計が真夜中の十二時を打っていた。シンデレラは慌ててガラスの靴の片方をそこに残したまま、お城をとび出したものの、そのときにはもう魔法がとけて、もとの貧しい娘の姿にもどっていたというわけである。

私たちはこの話を子供のころから何回ともなくきいてきた。哀れなシンデレラが王宮に残してきたガラスの靴を手がかりに、ついに王子さまに見出され幸せをつかむという話は、子供心にほのぼのとした夢をかきたてられたものである。

ところがこの話もよく考えてみると、お伽話とはいえ、気になる点がいくつかある。

まず、いったいシンデレラはどうして時を知ったのだろうか。もとより腕時計も懐中時計もない時代のこと。第一日目の夜は時計が十一時四十五分の時を打つ音で時間を知ったというわけだが、時計の針を眼で確認したのではなく鐘の音で知ったとすれば、その時計はどんな時計であったのだろうか。町の公共時計なのか、それとも王宮のなかの置時計であったのだろうか。しかもたとえ何らかの機械時計があって、時間がくれば鐘が鳴ったり、音が出る仕掛けになっていたにしても、果たしてむかしから四十五分という半端な時間に鐘が鳴っていたのだろうか。

さらに私がとくに興味をひかれるのは、時間を守るという仙女との約束である。しかもその約束には、約束の時間に一分でも遅れると魔法が切れるという、きわめて厳しい罰則がついていた点である。一分でも遅れてはならないという厳しい時間の約束であれば、その時間の客観的な正確さを保証するものがなければならない。それを保証したものはいったい何であったのか。シンデレラの話ではそれは機械時計ということになっているが、当時の機械時計はほんとうに正確な時間を刻んでいたのかどうか。またその時間がみんなの共通の時間になっていたのだろうか。現代のように時計が広く普及して、すべてのものが共通の正確な時間で秩序的生活をしている時代でも、集合時間に遅れてくるのは日常茶飯事である。そのことを考えると、シンデレラのお伽話が、厳重な時間の約束を中心に構成されていることの社会的意味は重要である。しかもそうした約束をヨーロッパの人びとがスムーズに受け入れてきたとすれば、それはヨーロッパのどんな時代なのだろうか。これが私の「シンデレラ物語」に対する素朴な疑問である。

それでは「シンデレラ物語」はいつごろの話なのだろうか。この話は元来、「眠れる森の美女」「赤ずきんちゃん」などとともに、十七世紀フランスの作家シャルル・ペローが民話から取材した童話の一つなのである。先年岩波文庫から『ペロー童話集』（新倉朗子訳）が出版された。それをみると、「シンデレラ物語」は「サンドリヨンまたは小さなガラスの靴」と題して収められている。その書き出しは、「むかし、ひとりの貴族がいて……」となっている。ペローが『ペロー童話集』を編集出版したのは一六九七年のことであるから、「むかし」といえば、常識的にみて当時の人びとが生まれる以前、つまり少なくとも十七世紀以前のことを指すと考えてよいだろう。童話の世界に現実性をもち込むことは慎むべきであることはいうまでもない。しかしこと時計に関しては、厳然たる機械時計の発達の歴史がある。だからシンデレラがきいた時計の音を十七世紀以前の機械時計の歴史のなかに探ってみることは可能なはずである。そういうわけで、あえてシンデレラの時計を歴史のなかに求めるとなると、それはどんな時計であったのか。またその時計による時間の約束とは何であったのだろうか。時計の歴史を辿りつつ推理を働かせてみよう。

**機械時計の出現**　ヨーロッパに初めて機械時計が出現したのは、十三世紀末のことである。

人類は長い間、時を測る器具として、日時計、水時計を使ってきた。日本においても水時計の歴史は古い。『日本書紀』に、中大兄皇子が斉明六年（六六〇）「初めて漏刻を造る、民《おおみたから》をして時を知らしむ」とある「漏刻」とは、水時計のことである。日時計、水時計の短所を補うため、用途と必要に応じて、ろうそく時計、線香時計、火縄時計のほか、砂時計も使ってきた。これらの時計は、基本的には自然の力を活用してつくられた計時器である。

ところが中世ヨーロッパに出現した機械時計は、いままでの時計とは根本的に原理がちがう。すなわち初期の機械時計の原理は、紐に吊した重錘《おもり》が落下してゆく力を、一定の時間間隔で規則的に落下するように機械で調整したものである。その落下するスピードを調整する装置が、歯車の歯止めの役目をする冠形の脱進装置（エスケープメント）と、時間の調整をするテンプである。この機械時計の原理を誰が発明したのかよく分からないが、歴史上実に画期的な発明であったといってよい。

機械時計は一三〇〇年前後のころ、修道院で最初につくられたといわれる。修道院から機械時計が出現してきたのには、それだけの理由があった。というのは、修道院の中では修道僧が昼も夜も一定の時刻に神に祈りを捧げていたわけで、彼らにとって正確な祈りの時間を知る必要があったからである。時間がくれば自動的にチンチンと鐘が鳴る機械時計があれば、夜昼となく祈りの時間を気にしなくてすむ。そういうわけで機械時計には、その出現の当初から必ず鐘がついていた。機械時計のことを「クロック」というのは、ラテン語のCLOCCAつまり〈鐘《ベル》〉からきているのもそのためである。

こうして機械時計は最初修道院や教会内部の宗教的必要から生まれた。十四世紀前半、フランス、ドイツ、イタリア各地でほぼ同時に現われたが、イギリスでも最初の機械時計は十四世紀初め、セント・オールバンス大修道院長リチャード・ド・ウォリングフォードによってつくられた。

ところが、教会内に閉じ込められていた機械時計は、まもなく都市市民の前に公共用時計として登場する。最初の公共用時計が出現するのは、イタリアのパドアで十四世紀中ごろのこと。しかしこのときの時計は、一日を二十四時間に分けた文字板のほか、太陽と月、それに水星、金星、火星、木星、土星の五大惑星の運行、教会の祝日、春分、秋分を示す暦もついた一種の天文時計であった。これをつくったのは天才的な時計工ヤコブ・ドンディとその息子のヨハンネス・ドンディで、このドンディの時計が、その後長い間ヨーロッパ各都市の公共天文時計の原型となる。

いまでもヨーロッパ各地を歩くと、十四世紀から十六世紀にかけてつくられた機械時計や天文時計が各地に残っている。有名なものでは、観光客で賑わうヴェニスのサン・マルコ広場に聳える時計塔、正面には二十四時間に分けた文字板があり、塔屋には鐘と鐘の周りをまわる人形がついている。イギリスでは、一部改造されているが、一三八六年のソールズベリ大聖堂の時計は、現存するイギリス最古の機械時計である。一三九二年のサマーセットシャー・ウェルズ大聖堂の時計は日時計であるが、一種の天文時計で月の表面、日付、時間などが示されるようになっている。また一五一八年ごろウルジー枢機卿の邸宅として建てられたロンドン西郊のハンプトン・コートにも、ウェルズ大聖堂のとほぼ同様の天文時計の文字板が聳えている。パリではシャンジュ橋からシテ島へ渡った付近に、十四世紀初めの時計塔の跡が地名とともに残っている。

また一三六四年フランス王シャルル五世がパリの宮殿の塔に設置した時計には面白いエピソードが残っている。現在の時計の文字板には、一般にアラビア数字の１２３が使われているが、むかしの時計にはローマ数字のⅠⅡⅢが使われていた。ローマ数字では４５６７をⅣⅤⅥⅦというふうに、４はⅤマイナスⅠ、６はⅤプラスⅠ、７はⅤプラスⅡ、８はⅤプラスⅢ、９は10のⅩからⅠ引いてⅨと書くのが正しい。

ところが時計の文字板にかぎって、Ⅳと書くべきところをⅢⅠとなっていることが多い。これはどういうわけでそうなっているかというと、一説によれば、シャルル五世がつくらせた塔時計にははじめⅣとなっていたのを見て、ⅤからⅠを引くということが気にさわり、文字板のⅣをむりやりにⅢⅠと書かせたというのである。シャルル五世は百年戦争でイギリスに占領されていた地方をとり戻し、またルーヴル宮に図書を蒐集するなど大いに文化振興にも努めたので賢明王《ル・サージュ》といわれた名君である。その名君にして強引な文字改革のエピソードを残したところが興味深い。

それはともかく、公共用機械時計は十五世紀から十六世紀にかけて、教会の塔や市庁舎の塔に取り付けられた。また市民が集まってくる市場《マーケット・プレイス》などの公共広場には、必ず時計塔《クロック・タワー》が設けられるようになる。そして時計は等間隔で、一時間ごとに、昼も夜も時を告げた。その時の鐘によって都市の市民たちは、都市の城門の開閉から仕事の始めと終わり、食事の時間まで秩序ある生活を営むようになる。すなわち公共用機械時計の出現は、自然のリズムに従った農村の生活、農村の時間から、人工の時間に従えられた組織と秩序の上に立つ都市の生活、都市の時間への転換をもたらした点で画期的な意味をもつものであった。

シンデレラの時計を考える場合、ともかくその背景には、まずこうした機械時計の出現と都市生活の時間による規律化があったことを頭に入れておく必要がある。

**十五分ごとに鳴る時計**　それならシンデレラがきいた時報の鐘は、町の公共時計のそれであったのだろうか。確かに大きな鐘の音であれば、舞踏会の宮廷まできこえたであろう。しかし私はシンデレラがきいた鐘は公共時計のそれではなかったのではないかと思う。というのは、シンデレラが第一日目にきいた十一時四十五分を告げる鐘にこだわるからである。いまかりに、公共時計が普及しはじめた十五世紀ないし十六世紀の時代がシンデレラの舞台になっているとすれば、公共時計の鐘は、時間の正確さを別にすれば、ふつう一時間ごとに鳴っていたのであって、彼女がきいたという十一時四十五分の鐘を公共時計に求めることには疑問が残るからである。

それならば当時十五分ごとに鐘が鳴っていた時計はなかったのであろうか。

もしあったとすれば、それは王侯や貴族が邸宅内にもっていた室内時計であったのではないか。

ところで室内時計といっても、十六世紀には動力を異にする二種類の時計があった。一つは、重錘《おもり》で動くようになっているもので、そのもっとも代表的なものがイギリスのランタン・クロックである。ランタンというのは提灯《ちょうちん》という意味で、ふつう屋内の梁《はり》に掛けて吊り下げるようになっていた。頭部に鐘がついているが、それは時刻を知らせるための鐘というよりか、目覚まし時計といった方がよいかもしれない。といっても、シンデレラは十一時四十五分に鐘が鳴るようにセットしておいたと考えるのは少々無理がある。もしそうだとすると、シンデレラの時計はランタン・クロックでなかったといえるのではないか。

それではいま一つの室内時計とは何かというと、ぜんまいを動力とする新しい置時計である。ぜんまい時計は重錘《おもり》を動力とする時計に比べると新しいもので、その出現はだいたい十五世紀中ごろということになっている。コイル状のぜんまいを動力に用いるためには、強いスプリングを製作する必要があることと、ばねが解けるにつれてぜんまいの力が弱くなっていくのをどう調整するか、といった技術上の難点を解決しなければならない。こうした先端技術の先進地帯は、すぐれた錠前工、鍛冶工、鋳物工らが集まっていたドイツで、とくにアウグスブルクやニュールンベルクはその中心であった。

樹木が生い茂る低地ドイツ地方は、燃料の木材資源にめぐまれていたほか、古代ローマ時代から知られた鉄鉱石の産地であり、また銅も産するという金属加工に適した地域である。ここでつくられた初期のぜんまい仕掛けの置時計は、ドラム型で、底に脚がつき、上部に文字板があるのが特徴だが、もう一つの特徴はライオンや馬、犬、熊といった動物のほか人物などが、ドラム型の台座の上に置かれていたことである。銀や青銅、宝石で装飾された豪華で美しい時計で、王宮や貴族の館に飾るにふさわしい作品である。おそらくシンデレラが招かれた王宮にも、当時最高の豪華なドイツ製置時計が置かれていたにちがいない。

ところが問題は、これらの時計が果たして十五分ごとに鐘が鳴っていたのかどうかということである。十六世紀から十七世紀初めの時計には、実は針は文字板の上に一本しかないのである。例外もあるが、ふつう一本の時針が文字板の上を回るわけで、例えばⅠとⅡの数字の間には、簡単な点の印がついていたり、半時間、あるいはその半分の十五分の区切りを示すマークがついているけれども、一本の時針では正確に時を知ることは実際問題として困難である。眼で見て十五分という細かなマークに時針がくるのを確認するのも困難である以上、十五分ごとに果たして鐘が鳴っていたのかどうか。

私はいろいろ時計の文献に当たってみたがどうもよく分からない。ヨーロッパを訪れるたびに、各地の博物館で時計を見て歩いたけれども、十六世紀ドイツ製時計の展示はしてあっても、実際どこの博物館でも古時計が動いていたためしはない。しかし鐘がどのように時を打っていたかを確認しないかぎり、シンデレラの話の謎は解けないのである。私は一時諦めて、文字板に分針がつくようになる十七世紀末になってはじめて、十五分ごとに鐘が鳴るようになったのではないかと考えたこともあった。

しかしある日、一冊の本が手元に届いた。それは『時計仕掛けの世界――ドイツの置時計と自動仕掛け、一五五〇―一六五〇――』と題する本である。その内容は、一九八〇年から八一年にかけてミュンヘンのバイエルン国立博物館とアメリカ・スミソニアン研究所の国立歴史技術博物館共同主催で、ミュンヘンとワシントンD・Cで開催されたドイツ古時計の展覧会のカタログである。このカタログを見て、私はあっと驚いた。ここには展覧会に展示された一二〇点の時計について、それぞれ鐘の打ち方が明記されているではないか。その解説によれば、時針は一本ではあるが、時報は一時間ごとのももちろんあるにしても、多くの時計が十五分ごとおよび一時間ごと（quarter-striking and hour striking）に鳴る仕掛けとある。しかもそれらの豪華なぜんまい時計の製作年代はすべて十六世紀末から十七世紀初めにかけての時期であることが明記されている。これによって私は長い間の疑問が解けたという確信をもった。ただこのカタログから時計の美しい鐘の音をきくことができないのは残念であるが、それはそれとして空想の世界に残しておく方がいいのかもしれない。

こうして私はシンデレラの童話の舞台となった時代は、ほぼ十六世紀末から十七世紀初めのヨーロッパに設定してよいのではないかと考える。これが私の一応の結論である。

**不定時法から定時法へ**　それではシンデレラが仙女との間に交わした時間の約束が、当時の社会でどういう意味をもっていたのだろうか。このような時間を守る約束がテーマになっている話は、日本の童話や民話のなかには見当たらないようだ。また西洋の民話のなかでも異例のことに属するのではないかと思う。時間の約束というのは、考えてみれば機械時計が出現して以後のきわめて近代的な市民生活において初めて意味をもつ約束ではないのか。私がシンデレラの話にとくに関心をもつのもまさにこの点である。

ところでギャンペルは『中世の産業革命』(坂本賢三訳、岩波書店)のなかで、機械時計の出現を近代技術の最初の機械として、中世産業革命の一つに位置づけている。たんなる技術革命としてではなく、それが新しい時間概念の創出に果たした役割を強調している。そのことを別の言葉でいえば、機械時計の出現というハードの革命に対応して、時間文化というか生活における時間意識のソフトの面における革命が、ヨーロッパ社会を大きく変革したといってよい。

機械時計の出現がもたらした最大の時間革命は、不定時法から定時法への転換である。不定時法というのは、簡単にいえば、日の出から日没までの昼間の時間、および日没から日の出までの夜の時間を、それぞれ十二時間として計算する方法である。したがって昼間の一時間と夜の一時間は、春分と秋分の日を除くと、季節と緯度によって異なるわけである。早い話が緯度の高い北ヨーロッパでは、例えばロンドンの夏は午後十時になってもまだ明るいし、もっと北に位置するスウェーデン北部では夜のない白夜になる。冬はその逆に夜が長いわけで、夏の昼間と冬の昼間では、同じ一時間でも極端に長さがちがう。それでも農業を生活の基礎とする社会では、太陽と自然のリズムに従って設定された不定時法がもっとも自然に適した時刻制度であった。

ところが機械時計が出現すると、機械がつくる時間は人工の平等な単位時間になる。季節や場所のいかんにかかわらず、昼も夜も、一時間の長さは同じで変わらない。これを定時法というが、定時法は何も機械時計の出現によって初めて生まれたわけでなく、古代からその考え方はあった。すなわち定時法はまた真太陽時ともいって、正午に始まりつぎの正午に終わる一日の時間を二十四等分したものを一単位時間とする方法である。機械時計のない時代では時間の管理がやっかいである一方、日常生活には不定時法の方がはるかに便利で実用に適していた。

しかし機械時計が出現し広く普及しはじめると、機械時計は、昼と夜、季節と場所によってそれぞれ時間単位がちがう不定時法には合わせにくいが、単位時間が季節や場所のいかんにかかわらず一定である定時法にはぴたりと結びつく。そこで機械時計の出現・普及とともに、ヨーロッパでは不定時法から定時法への大転換が起こるのである。

こうして中世ヨーロッパにおける定時法の普及は、イタリアの都市から始まり、イタリアの機械時計とともにアルプスを越えて拡がった。イタリアで一日を等分の二十四時間に分けたのは十四世紀初めのこと、そして夜中の一時に一つ、二時には二つといったふうに、等間隔時で午前午後それぞれ十二回、最初の鐘を鳴らしたのはサン・ゴッタルド教会の鐘で、一三三五年のことであった。こうして十五世紀になると、機械時計の普及とともにヨーロッパ各地で急速に定時法が採用されるようになる。定時法システムの成立によって、等価等質の労働時間を単位とする商品生産、産業資本成立の基礎的条件ができ上がる。

**時間意識の革命**　ところで注目すべきは、定時法の普及に積極的であったのは、新興都市市民階級であったということである。というのは、商人や手工業者の間では、「時間」が職業的営みのなかで、貨幣と同じように貴重な価値をもつものとして意識されつつあったからである。利潤が商人や職人の関心の中心になってくるにつれて、時間の正確な計測がいっそう重要になってきた。新しい時間の尺度は、例えばギルドにおける商取り引きの時間の規制、職人の労働時間の規制など、職業上の目的に使われるようになった。

とくに新しい時間観念が新旧勢力の決定的対立をもたらしたのは、利子をめぐる問題である。というのは、商人高利貸資本の活動は、「時間を売ることはできない」とした教会の態度と対立したからである。キリスト教の時間は神学的時間で、神とともに始まり神によって支配されている時間である。時間が神のものである以上、時間を売って利子をとる行為は神を冒瀆するものである。こうして徴利禁止法が十三世紀に神学者、教会法学者によって体系づけられた。

これに対して、商人の時間は利潤に関係する時間であり、時間を組織的・計画的に利用することが営利なのである。だから商人にとって時間とは、神から離れた客観的時間でなければならないし、それはまた不定時法システムの時間ではなく、定時法システムの時間でなければならない。こうして定時法システムのもとで、時間は商人にとって貨幣になり、貨幣は資本に転化する。「タイム・イズ・マニー」といったのは、ずっと後の、十八世紀中ごろのフランクリンであったが、中世末の商人や銀行家はすでにそのことを理解していたのである。

時間の本質が貨幣であるならば、時間は貨幣と同じように正確に計測されねばならない。ヨーロッパ各都市に出現した公共用機械時計は、「教会の時間」に挑戦する「商人の時間」を象徴するものであり、それは自由都市を牛耳る商人たちの経済的・社会的・政治的支配の道具となった。フランスの歴史家ル・ゴフもいうように、「いたるところ教会の鐘楼に向かい合って取り付けられた大時計こそは、時間の秩序において市民共同体運動のもたらした一大革命」だったのである。一大革命とは、近代的資本主義的時間の成立を意味する。それはほぼ時代的には、十五世紀から十六世紀にかけての時期であったといってよい。

念のためにひと言注意しておくと、こうした「商人の時間」と時計の技術革新を受け入れる方向で進んだのは、キリスト教でも西ヨーロッパのローマ教会だけであるということだ。これに対してギリシア正教会は、商人との和解を容赦しなかったばかりか、新思想をとり入れることさえ許さなかった。二十世紀の現代になっても、十四世紀と同じく、正教会の壁に時計を取り付けることが禁じられているが、それは伝統への厳格な服従のためである。

**時間に縛られた労働**　機械時計がつくり出す時間は、抽象的時間であり、知性的時間である。その抽象的・知性的時間とともに近代が始まる。だから近代とは、神ではなく、人間が時間を制御し、人間が時間を支配する時代である。その結果、人びとの労働に根本的な変化が起こった。

すなわち、自然的時間によって支配された農業社会では、職人の仕事といえば時間に縛られないで、何時間でも何日でも満足するまで時間をかけて良い作品をつくるという、作品中心の労働であった。

そうした社会では仕事と生活との間にあまり区別がなく、働くことと一日の時間をすごすこととの間に大きな対立はなかった。

ところが近代的時間の成立とともに、仕事はいまや時間に縛られた賃労働へと変わってゆく。重要なことは、機械時計の示す人工的時間で表示された労働時間が、いまや労働を規定するようになるということである。周知のように、雇用労働がもっとも早く進んでいたのはイギリスである。イギリスにおける作品中心の労働から時間労働への転換は、だいたい十六世紀中ごろから始まったと思われる。例えば一五二四年の「コヴェントリの賃銀規定」では、「八十ポンドの毛織物一反織る賃銀五シリング」といった作品中心の出来高払い賃銀が掲げられていた。これに対しはじめて全国的一般的賃銀規定を定めたのが、エリザベス一世女王治下、一五六三年の「徒弟法」である。ここには基準とすべき一日の労働時間をはっきりと法律で定めていた。すなわち同法第九条の規定はつぎのようになっている。

「すべての職人および労働者――日給または週給で雇われる労働者は、三月中ごろから九月中ごろの期間では、朝は時計《クロツク》の示す五時または五時前に仕事につき、夜は時計《クロツク》の示す七時と八時の間まで仕事を続けるべし。但し、朝食、午餐《ディナー》あるいは飲酒《ドリンキング》の時間を除く。その時間は多くても一日に二時間半を越えてはならない。九月中ごろから三月中ごろまでの期間については、職人・労働者は朝は夜明けから晩まで、朝食と午餐のために定められた時間を除いて働かねばならない。それに違反したものは、怠惰一時間につき一ペンスを賃銀から差し引かれるべし」

この就労規則をはじめてみたとき、私はいささか興奮を覚えた。というのは、日本でいえば戦国時代の早い時期に、すでにイギリスでは、賃労働が朝五時から晩七—八時までとはっきり時間によって示され、しかもわざわざ「時計《クロック》の示す時間」と明記してあるからである。さらに驚くべきことには、厳格な時間による労務管理を支えるものとして、怠惰な労働に対して、一時間さぼれば一ペンスを差し引くという苛酷な罰則規定がついていることである。一時間さぼったために日給から差し引かれる一ペンスがいかに苛酷なものであったかは、当時実働約十二時間半の労働者の日給が、だいたい六—七ペンスであったことを想えば想像がつくであろう。これによって「タイム・イズ・マニー」が、既に現実生活のなかで重みをもっていたことが分かる。しかもその時間は「時計《クロック》の示す時間」と法文に明記していたように、公共用機械時計の示す定時法システム下の人工の時間であり、それが人びとすべての共通の時間になっていて、その共通の時間によって秩序的・組織的行動が行なわれていたのである。

そういう意味では十六世紀中ごろのイギリスでは、時間はまだ共同体のものであった。しかし時間が貨幣になった以上、やがて時間は共同体のものから個人のものになってゆく。それは公共用時計から室内時計あるいはウオッチの出現というハードの発達に対応するわけだから、時間が個人の所有になるといっても、その個人というのは、はじめはまずこうしたハードをもつことのできた王侯・貴族・ブルジョワに限られていた。とりわけ時計をもったブルジョワが時間と労働を支配し、労働者から時間＝賃銀を奪うようになってゆくのは必然である。資本主義はこうしてブルジョワによる時間＝労働支配の過程で成立してくるのである。

**ブルジョワによる時間支配**　時計をもつものは時間を支配し、時間を支配するものは労働を支配する。時計をもったブルジョワがいかに労働を支配したか。具体的事例を二、三あげておこう。一七〇〇年ごろ、イギリスのクローリー鉄工場が定めていた工場規則には、つぎのような労働時間の規定があった。「一日の労働時間は、朝五時ないし八時から晩七時ないし十時の間の十五時間労働とする。但しそのなかから朝食、午餐《ディナー》などのための一時間半を差し引いた実働十三時間半とする」と。クローリーは王室海軍工廠の発展とともに、一躍大鉄工業者にのし上がった一人であった。

これをみると、労働者は一七〇〇年ごろにおいても一日二食しか食べていないことが分かるが、さきにのべた「徒弟法」の労働時間規定と比べると、一日の労働時間は一時間長くなっており、しかも朝食、午餐の時間も一時間短縮されているから、合計二時間の過重な労働時間の延長を強いられていたことになる。そればかりではない。この工場で時計を所有していたのは工場の監督だけであったから、彼はときには時計を早く進ませて始業時よりも早くベルを鳴らし、仕事が始まると、今度は時計の針を遅くしてベルの鳴る時間を遅らせた。

また十八世紀中ごろのウェジウッドの製陶工場では、労働時間の規定は厳格で、工場責任者が定めた時刻より遅れたものに対しては、なんと二シリングの罰金と定めていた。

産業革命時代の織物工場や機械工場では、労働者を工場の時間規律に従えるための陶冶が最大の課題であったが、労使間の争いといえば、労働時間をめぐる闘争が焦点であった。時計をもっていたのは雇主とその息子だけという状態で、工場で働く労働者にはいま何時か時間が分からなかった。たま時計《ウオッチ》をもった労働者がいたときには、そのウオッチは雇主にとり上げられ保護預りにされた。というのは、彼が仲間にいま何時だということを知らせるのを恐れたからである。

時計がブルジョワの労働支配の道具になったのはイギリスだけではない。明治時代の日本もその例に洩れない。

明治三十六年、農商務省商工局の調査になる『職工事情』には、つぎのような驚くべき事実が記されている。信州諏訪地方は製糸業で有名なところである。

「抑《そもそ》モ此地方ニ於ケル生糸工場ノ労働時間ノ長キコトハ全国ニ冠タリ、毎日平均十五時間ヲ下ラザルベシ、加之《しかのみ》ナラズ市場ノ好況ヲ呈スルニ及ベバ頻《しきり》ニ労働時間ヲ延長シテ其生産額ヲ増加センコトノミ之《これ》務メ一日ノ労働ハ十八時間ニ達スルコト屢々之レアリトス」

このように糸繰り女工はなんと毎日平均十五時間、ときには十八時間に及ぶ長時間労働を強いられていた。ところが、そんな長時間労働の上になおかつ時計の針をごまかし、彼女たちをもっと長時間働かせようとした工場主がいたのである。『職工事情』はつづけて、つぎのように記す。

「其地方ノ工場ニ於テ始業終業ノ時刻ハ予メ工場ノ規則ヲ以テ之ヲ定メタルカ故ニ、此規定以上ノ労働時間ヲ延長セントスルトキハ、時計ノ針ヲ後戻リセシムルコト屢々之アリ、此場合ニ於テ若シ一工場ニテ汽笛ヲ以テ終業時刻ヲ正当ニ報スルコトトセバ、他ノ工場ニ在ル所ノ工女モ亦之ニ由ッテ終業時刻ノ已ニ至レルコトヲ知ルカ故ニ、臨時各工場主申合セノ上汽笛ヲ用ヒザルコトアリト云フ」

悪徳雇主はいつの時代でもいる。しかし時計の針をごまかして労働者から時間を奪うというやり方は、自然のリズムで生活が行なわれていた、機械時計以前の時代ではとうてい考えられないことであった。

**昼休み返上**　ヨーロッパ人はよくいわれるように食事に時間をかけ、食事を楽しむ。すでにエリザベス「徒弟法」において、朝五時から晩七時までの労働時間のうち「朝食、午餐《ディナー》、飲酒」に必要な時間をたっぷり二時間半とってあった。その休憩時間も工業化が進むにつれてだんだん短くなる。それでもクローリー鉄工場では一時間半が与えられていた。

ところが、日本では食事時間がきわめて短いのが特徴である。明治時代の工場では、各工場によって異なるけれども、休憩・食事時間として与えられる時間はふつう十五分ないし三十分であった。こんな短い時間では食事を味わうどころか、それこそご飯をかき込むか押し込むのが精一杯、しかも食事が終わるか終わらないかですぐ仕事につく有様で、『職工事情』も「我国職工生活ノ不規則ナル殆ンド労働時間ト休憩時間トノ区別ヲ立テザルナリ」とのべていた。

このような休憩時間もろくにとらないで働く勤勉な労働者の伝統は、「労働基準法」で保護されている現在においてさえ、自発的な居残りや年間二十日の有給休暇をも返上して働くサラリーマンの生活にうけつがれている。そういう事情であるから、日本では工場規則のなかに、勤務中にさぼったものや、就業時間に遅れたものに対する罰則規定はほとんど見当たらない。勤勉に働くものの集まりでは、さぼるものに対する罰則など不要なのである。

『職工事情』によれば、綿糸紡績工で、出来高払いの職工はできるだけ長く働いて賃銀の額を増やさんと努めるため、食堂を兼ねた控所でゆっくり食事をしたり休憩をとるもの少なく、その規定時間の半分にも達しないのに、すでにその受持場に帰って働いている。出来高払いの職工の動機は確かに賃銀の増加のためであろうが、日給者も「往々監督者ノ督責奨励ニ依リ又ハ其意ヲ迎ヘ休憩時間中執業スルヲ常トス」という状態であった。とても仕事を怠けるとか、さぼれる状態ではなかった。

それでもすべての職工がそうであったわけではなく、人間である以上怠ける職工も多かっただろう。事実、横山源之助『日本の下層社会』によれば「紡績工場に欠勤者多きは驚くべし。工場により各々言う所を異にすと雖も、全職工数の一割欠勤者あるを常とす」という有様であった。これらの怠業者に対して、日本では賞与によって格差をつける方法が一般的であった。

それにしても日本の労働者の近代的時間管理に適合した勤勉さは、資本主義発達史でも異例のことではなかろうか。その勤勉さは貧困に由来するとよくいわれるが、果たして貧困だけが原因かどうか。

というのは、貧しさという点からすれば現在の発展途上国は明治時代の日本と同じように貧しいにかかわらず、その貧しさが必ずしも勤勉な労働を生み出していないところに発展途上国の悩みがある。しかも近代的時間管理による組織的労働の存在しないところでは、機械や近代的交通機関も本来の役に立たないのである。発展途上国では、より多くの賃銀のために自分の生活時間を犠牲にしたくない、という一種の自己主義が、組織的労働の成立を妨げている。とくにフテン・アメリカ系諸国ではそうである。

**メキシコの時間**　並河萬里氏は『メキシコ時間のない国』（新潮選書）のなかで、「メキシコ時間」という興味深いエッセイを書いている。「メキシコには時間がない」と並河氏はいう。もちろん都会ではサラリーマンたちは定まった時刻に出勤し、定まった時間に退仕する。そういう点では時間は厳然と存在しているのだが、彼らは日本人ほどには時間を気にしていない。厳密な分秒単位で仕事をしているはずのラジオでさえ、「ただ今、わたしの時計では何時です」という程度である。そのおおらかさには敬服するといっている程度ならまだいい。

それが近代的な交通機関である鉄道に時間がないとなると話は別である。並河氏はメキシコ湾岸から奥地ロドリゲスまで、自動車道路がないので、やむをえず汽車で旅行した。汽車は何時間か走ったり、野原に止まったりしながら、突然片田舎の小さな駅に止まったまま動かなくなった。何時間も動かないのでどうしたことかと聞いてみると、機関士も助手も機関車や乗客を置いてけぼりにして祭りに行ってしまったという。乗客のなかでイライラしているのは並河氏だけで、乗客のメキシコ人の若い連中はギターを鳴らし酒を飲んで陽気に祭りを楽しんでいるといった有様。

小鳥の声とともに空がしらじらと明け、祭りに行った連中も、三々五々肩を組みあって千鳥足で戻ってきた。やがて汽車はごとんとゆれて、のろのろ、よたよたと走りはじめた、というわけである。

「貧乏だが、おおらかで、その日その日を楽しむすべを知っている彼ら、……生活を底抜けに陽気に楽しんでいる乗客……都会の乾ききった生活と、せかせかと激しい仕事に追い立てられて、忘れかけていた何か……暖かい人間のつながり、ほのぼのとした情感、わたしは現代にとっくに消えてしまった何かを、この片田舎を走る汽車の中で見出したような気がした」と並河氏は書いている。

私たちは鉄道には時刻表があって、時刻表どおり運行されるものと思っている。時刻どおり運営されてこそ近代的交通機関の役割を果たす。そうでなければ鉄道は鉄道であって鉄道でない。まして機関士が勤務途中で、職場を放棄し、祭りに行って帰ってこないというのでは近代化も工業化もあったものではない。厳密な時間による組織的行動が近代化への条件である。このことは観念的には分かっていても、なおかつその日その日の生活を楽しむメキシコ人。時間のない国メキシコでは、個人個人の生活はあっても、それが時間による組織化につながらないのである。

**インド人の労働＝生活時間**　インドはイギリスの植民地であったとはいえ、アジアでもっとも早く近代的紡績工場が導入された国である。明治の日本紡績業がアジア市場でもっとも有力な競争相手としたのも、インドとくにボンベイの紡績業であった。しかもインド紡績工の低賃銀は、チープレーバーの代名詞になっていたように、彼らの生活は貧しさそのものであった。

ところが、ことインド人労働者の紡績工場内における時間と規律に関するかぎり、日本の労働者と比べて実にルーズきわまりないものであった。『一九〇八年工場労働調査委員会報告』によれば、労働時間は、全工場の三分の二が電燈を設置していたにかかわらず、過半数の工場は相変わらず「日の出から日没まで」という労働慣習によっていた。だから労働時間を時計の示す時刻で決めることさえできない有様であった。工場には時計があっても、労働者の居住地域には公共時計がなかったから、工場の始業時刻になっても労働者は集まらない。早くきたものは工場の前で門の開くのを待っているが、それでも足りないために、現場監督が職工長屋に出かけて労働者をかき集めてくる始末。

それに作業が始まっても、驚いたことに、決められた時間に食事や休憩をとらずに、各自てんでバラバラ、勝手な行動をとる有様である。ある経営者の証言では、

「労働者の中に二時間以上休まずに働くものはいません。彼らは喫煙や飲水、あるいは用を足す目的で工場の休憩所へ行き一回に十五〜三十分休みます。少年管揚工はふつう木管を取り除く作業が終わるたびに工場を出るので、一時間半ごとに休憩をとるわけです。リング・ミュール部門の糸継工も同じです。このほか労働者は昼の三十分の休憩時間中にではなく、仕事時間中に工場内で食事をします」

こんな調子であれば、いったい彼らは仕事をしているのか、休憩しているのか、まったく無秩序状態というほかない。休憩時間を決定できなければ、労働時間も決められない。それでも機械の稼動を中断させないためには、労働者数をほんとうに必要な人数よりも、いつも一〇％ほど多く確保しておくことが必要であった。それだけ確保しておいても、労働者は必要数に一〇％ほど足りないのがふつうであった、といわれる（杉原薫「インド近代綿業労働者の労働＝生活過程」、杉原・玉井編『世界資本主義と非白人労働』大阪市立大学経済学会、所収）。

インドも、メキシコとは別の意味で、時間のない国なのである。

**タイム・アポイントメント**　ここで再びシンデレラの時間の約束に話を戻して、それが市民社会成立期の社会生活にいかに重要な意味をもっていたか、別の角度から考えてみよう。

時間の約束というのは、英語でタイム・アポイントメント。人に逢うために面会の時間をきめることをアポイントメントをとるという。その約束の時間に遅れることは相手に対して失礼であるし、社会的に許されない。ところでこうしたタイム・アポイントメントの習慣はヨーロッパのいつの時代に成立したのだろうか。そんな研究はまだヨーロッパにはないようだが、私はシンデレラの童話が何かの示唆を与えてくれるのではないかと思う。

シンデレラの話が成立したのは、さきに時計から考証したようにほぼ十六世紀末から十七世紀初めのこと、時計の創る時間はそのころからいっそう重要な意味をもつようになった。とくに商工業階級の成長が著しかったイギリスでは、時間＝貨幣の思想が社会経済倫理として広く受け入れられた。清教主義倫理の確立に努めたリチャード・バクスターは、時間は貨幣と同じく大切なものであるから「毎時毎分に留意し、浪費せぬように、汝のなしうる限りもっとも役立つ方法で費やせ」と説いた。時間が貨幣である以上、「時間を倹約し貯蓄することは、金銭の倹約、貯蓄以上に必要なことである」として、寸暇を惜しみ仕事に励むよう勤勉の徳を説いた。

こうして時間が貨幣と同じく個人の所有になった結果として、「人からその時間を盗み去ることは大盗である」（バクスター）ということになり、人の時間を犯さないことが社会倫理として要求された。

バクスターとほぼ同時代、海軍省の高級官僚であったサミュエル・ピープスは、一六六〇年一月から約十年間、毎日の生活を克明に記した日記を残している。朝起きてから夜寝るまでの行動が詳細に記録されているが、毎日のルーチンは up and to the office という書き出しで始まっている。すなわち朝起きるなり、朝食も食べずに事務所へ出勤し、昼は家へ帰って十二時—二時に午餐、その後はまた仕事、夜寝るのは十—十一時、supper and to bed で締めくくっている。

ピープスは多忙な毎日の生活のなかで、多くの人に逢っているが、まだ厳密なタイムスケジュールによって仕事をしていたように思われない。突然人が訪ねてきたり、奥さんといっしょに買物に出かけたり、コーヒー・ハウスで長いおしゃべりを楽しんだりして、忙しいなかでもかなりのんびりした生活を髣髴《ほうふつ》とさせる。しかし、そうした日記にしばしば時間のアポイントメントで人に逢ったり食事をしている記事が見える。だからピープスの日記から推察すると、十七世紀中ごろには既に時間の約束が、多忙なビジネスの世界では一般化しつつあったと思われるのである。

ピープスはウオッチをもつことができる身分になったことをたいそう誇らしく思い、見知らぬ人にまで時間を告げまわった、と日記に書いているし、一六六四年十二月三十一日の日記には、「時計が夜の一時を打つのを聞くや、暖炉の傍らにいた妻にキスをし、新年の挨拶をした。時計が一時を打つなり挨拶をしたのだから、私こそイギリスで今年最初の正真正銘の新年の祝賀者だと信ずる」と書いたりしているところをみると、ピープスはいつも時計を傍らにおき、時間の生活を心掛けた当時きってのダンディであった。

ピープスのようなダンディは別にすれば、一般の庶民は十八世紀はもとより、十九世紀初めでもまだ時計をもつことはできなかった。しかし時計をもつもたないにかかわらず、十八世紀には時間を尊重し他人の時間を犯さないということが社会倫理として確立するのである。サミュエル・スマイルズは『自助論』（一八五九年）のなかで、「時間の価値」および「時間厳守」について、厳しい教訓を説き、ビジネスマンにとっては時間は貨幣以上に大切であることを一つのエピソードによって強調していた。あるときジョージ・ワシントンの秘書が出勤に遅れたことの言いわけに、自分の時計が間違っていたとしてウオッチに責任をなすりつけたのに対し、ワシントンは静かにいった。「それなら新しい正確な時計を買ったらどうか。そうでないと、私は別の秘書を雇わねばならない」と。

シンデレラは時間の約束に遅れたために魔法がとけるという罰をうけた。にもかかわらず王子と結婚できるという幸福をつかんだ。しかしそれはシンデレラが美しい女性であったればこその話で、一般の労働者や庶民の前には、時間に遅れると賃銀を差し引かれたり、解雇されるという苛酷な現実があったのである。

# 東洋への機械時計の伝来

**機械時計のインパクト**　十六世紀中ごろ、ヨーロッパ人ははじめて海のルートを辿りながら、インド、東南アジア、フィリピンを経て、憧れの中国、日本へやってきた。当時のアジアはいまとちがって豊かな国であった。彼らがアジアで実際接し、眼のあたりにしたのは、人びとの豊かな暮らし、芸術の香りに充ちた文化であった。中国の絹、陶磁器、茶、日本の金銀、茶の湯文化、漆器、インドの染付された更紗など、これらに接したヨーロッパ人の驚きというかカルチャー・ショックは、現代の私たちが想像する以上に強烈なものであった。

私たちは明治維新後今日まで百年の長きにわたって西洋文明へ憧れ、ひたすら西欧化をめざして進んできたように、十六世紀から十八世紀末の産業革命にいたる間、ヨーロッパは、東洋へのコンプレクスのとりこになり、東洋への憧れと東洋趣味が生活の中に深く根をおろすことになる。アジアの文化への畏敬と憧憬、ここからヨーロッパの近代史が始まるのである。

それにひきかえ、ヨーロッパ人がアジアへもたらしたものに何があったのか。とりたててアジア人の興味をひくものはなかったが、そのうちでも注目すべきものがあったとすれば、精神文化ではキリスト教、物質文化では鉄砲と実は機械時計であった。

当時ヨーロッパからもたらされた機械時計というのは、実は発明されたばかりの最先端技術を駆使したもので、今日のいわばエレクトロニクスに当たる、西洋物質機械文明の最高のレベルを代表するものであった。

私はこの十六世紀中ごろ以降の東西文化接触が、その後たがいのインパクトとレスポンスをつうじて、西洋および東洋の近代史をどのように変えていったかという点にとくに関心を抱いている。文化接触はしばしば人びとの価値観を変え、歴史の流れを変えるからである。

ヨーロッパ人がアジアとくに日本において発見した茶の湯文化は、そういう意味ではたしかにヨーロッパ人の食生活に一大革命をもたらした。なかでも日常の飲み物が貧弱であったイギリス人は、すっかり茶にいかれてしまった。そして十八世紀には茶がなければ暮らせないイギリス人の生活ができ上がった。生活必需品となった茶を確保するために、イギリスは虎の子の銀を大量に中国へ送る。茶の消費が国民各層の間に拡大すればするほど、銀の流出は拡大する結果となり、イギリスと中国との間の貿易摩擦は深刻さを加えた。あげくの果ては、イギリス側から仕掛けた強引なアヘン輸出によって、貿易摩擦は英中戦争に発展した。

イギリスをしてアヘン戦争、中国侵略までひき起こさせた茶、世界を揺るがし世界史をつくった茶、そもそもその茶の魅力とは何であったのか。私は先年中公新書の一冊として『茶の世界史』を書き、茶がたんなる飲み物としてではなく文化として、いかにヨーロッパ人の心を把え近代史をつくっていったかを論じた。詳しくは同書にゆずるほかないが、ひと口でいうと、日本の茶の湯という東洋最高の精神文化、芸術性の香り高い緑茶文化に接したヨーロッパ人の驚きとコンプレクス、そのコンプレクスの裏返しとして発展させたのが、イギリスの紅茶文化であり、その属性としての物質主義的・侵略的な資本主義であった。

これに対して、私がここでとくに読者の関心を喚起しようと思うのは、東洋から西洋へとは逆に、西洋から東洋へもたらされた最先端技術である機械時計が、中国と日本にどのようなレスポンスをひき起こしたかという問題である。そしてその対応の仕方の過程で、中国と日本の歴史がどう変わってゆくのかという問題である。

そこでまず、中国・日本へ機械時計がいつ入ってきたか、その後どういう経過を辿るかを簡単に見ておきたい。

**中国人をとりこにした機械時計**　中国に渡来した最古の機械時計は、一五八三年イエズス会士によってもたらされたといわれる。ついで一六〇一年には、マテオ・リッチがキリスト教布教の許しを得るために、皇帝に時計を献上した。その時計は重錘を動力とする時計とぜんまい時計であったといわれるが、当時としては最新製品であったにちがいない。時計には時打ち装置がついていて美しい音を奏でたから、中国ではこれを「自鳴鐘」とよんだ。

中国は西洋に劣らず時計に関して古い歴史をもっている。すなわち、中国には古くから水時計、日時計があった。とりわけ水時計の発展は眼をみはるものがあり、十一、二世紀には機械時計への一歩手前まで近づいていたといってよい。例えば一〇九〇年、当時北宋の首都であった河南の開封に、高級官僚で天文学、数学、博物学に通じていた蘇頌が建造した天文時計塔は、高さが一〇―一二メートルの巨大なもので、そのなかには水車によって動く時計仕掛けが設けられ、時間がくれば鐘が鳴る仕掛けになっていた。ここには既に歯車とか脱進機が使われていたようで、その点では十三世紀末に出現するヨーロッパの機械時計よりも、原理的実用的には中国の方が早かったといってよい。しかし残念なことに、その後元から明へ王朝が交替するなかで、中国はせっかく芽吹きつつあった土着の科学・技術の伝統を十分発展させることができずに終わった。

イギリスの科学史家ニーダムは、『中国の科学と文明』のなかで、この時代における中国の時計技術がいかに先進的なものであったか、を強調するとともに、ヨーロッパ人が中国の科学技術に対して十分評価していない現状を自己反省しているが、十七世紀初頭マテオ・リッチらが中国へやってきたときには、西洋の機械時計は中国文化にとってまったく新しいものであったことは疑いない。

「機械時計は極東において独自に発明されたのではない、といってよい。もちろん中国人は（そして日本人も）古くから日時計に親しんできたし、水時計についても（ローマの西洋世界から）いくばくかの知識を獲得しており、また灯心やローソクを燃やして時を計ることも心得ていた。しかし機械時計については、伝道使節によって実際目にするまで、彼らのおよそ考えもつかないことであった」

このようにある歴史家は記しているが、その記述には若干不正確なところがあるにしても、機械時計はたしかに中国人を驚かせ、彼らがその魅力にとりつかれたことは確かである。

誇り高い中国皇帝も、その美しい音色や精巧な装置にひどく魅せられた。清朝第四代の康熙帝（在位一六六一—一七二二）は学術を振興し、文武両面にわたって清帝国の地盤を築いた皇帝として知られるが、チンチンと鳴る機械時計の美しい音色にすっかりいかれてしまった。そこで皇帝は宮廷に時計や懐中時計の製造工場をつくるとともに、ヨーロッパから精巧で豪華な時計を続々と宮廷に輸入した。一七三六年十月付の神父ヴァレンティン・シャリエの書簡によれば、「宮廷にはあらゆる種類の時計がいっぱいである。パリやロンドンの名工の手になる時計が四〇〇〇点以上もあった」と。

それがいかに豪華なものであったか。一、二例を掲げよう。

第一のものは、文字板の上に鉢植の花を配しているが、中央頂部の花は六弁が開閉し、そのすぐ下の花車がグルグル回転するようになっている。また時計文字板の下、正面の窓には西洋の風景が描かれ、カリロン音楽にあわせてその前を人物が行進するというわけである。カリロンというのは、音程のちがう小さな鐘を多数並べたもので、オルゴールに似ているが、オルゴールよりも音色がゆたかで音量も大きかった。

第二のものは、文字板の上の樹がまわるとともに、文字板の下の四隅の飾り花がひとつおきにちがう向きにまわる。面白いのは文字板のすぐ下、中央にいる人物が左手をあげて、畳まれた「万寿無彊」の文字を開いて見せることである。その左右に二人の人物が立っているが、その二人がもっているひょうたんからパチンコ玉のような小さな球が転げ出て、それが樋を伝わって中央の人物の足下へ集まる。球は内部で螺旋状の通路をとおって上へもどる仕掛けになっている。また正面下部の窓には、楼上の貴人が、田を耕し魚をとる農民を見下ろしている動景がみられる。毎時、時間がくればいっせいにカリロンの音にあわせて動き出すわけである。

こんな時計を四千個以上も宮廷に集め、それらが奏でる音楽と花や人形が動くからくりを皇帝はひとり楽しんでいたのである。

これらの時計はすべてフランスやイギリスでつくられたものであった。しかも四千個以上のコレクションとなると、時間の調整や修理も大変だった。その管理と宮廷時計工場の監督にたずさわった一人が、さきのヴァレンティン・シャリエ神父で、彼は「私はその多くをこの手で修理したり手入れしたりした。今や私はヨーロッパの時計師の誰にも負けないくらいに理論に精通しているにちがいない。というのは、これほど多くの経験をした時計師はヨーロッパにはいないことは確実だからだ」とのべている。彼が宮廷で時計の管理に当たっていた一七三〇年代から四〇年代の間、彼のもとで働いていた中国人は約百人いたといわれるから、いかに皇帝の時計遊興が大規模なものであったかが分かる。

**皇帝の高級玩具**　その皇帝の時計趣味が、民間の時計工業の発展を促進し工業化への礎《いしずえ》になったならば、それもまたもって瞑すべしというべきかもしれないが、せっかくの西洋最先端技術もすべて輸入もので、しかも皇帝の玩具にとどまったところに中国の近代化への対応の運命が決まったように思われる。

一七三五年、この年帝位についたのが乾隆帝である。乾隆帝は一七九五年まで六十年の長きにわたって在位し、その間、祖父康熙帝とともに康熙・乾隆時代といわれる清の全盛期を築いた偉大な皇帝である。すなわち外に向かっては、十回にわたって周辺地域に大征伐を企て、インドシナ半島、モンゴル、チベットに及ぶ広大な地域を支配下に収める一方、内政では『四庫全書』『大清一統志』の編修などの文化事業に大きな業績を残した。その乾隆帝も康熙帝に劣らず、機械時計の愛好者であった。しかも十八世紀のヨーロッパは時計工業が飛躍的に発展した時代であるから、それこそ素晴しく豪華な時計が数多く宮廷に集まった。

十七世紀から十八世紀初めにかけて、康熙帝のころはスペインやフランスの宣教師が布教のために中国へやってきていたが、十八世紀後半になると、ヨーロッパ各国は貿易の必要上、中国への接近を強く求めるようになる。とくに茶が国民的飲料として定着しつつあったイギリスでは、中国茶の輸入確保のために、広東での管理された朝貢貿易では満足できず、清国との間に自由な通商関係を結びたいという要望が日増しに強くなった。そしてついに一七九三年、イギリス政府はジョージ・マカートニーを団長とする使節団を中国へ派遣することになる。使節団派遣に当たり、その随員には機械・時計趣味の皇帝の歓心を買うため、とくに科学や技術に精通したものを何人か加えたほか、献上品に多数の最新豪華な時計を携えていったのである。当時イギリスでは他国に先がけて産業革命が進行中で、機械技術の知識にかけては絶対自信をもっていたし、また時計製造においても世界一の繁栄した国であったから、イギリス御自慢のえりぬきの代物を携えていったのである。

それらイギリス土産を北京郊外の円明園の宮殿へ運び、きれいに飾りたてたときの有様をマカートニーはつぎのように記している。

「この大広間（正大光明殿とよばれた建物）に礼物の中でも最もすばらしいものを幾つか入れて、次のように配置することとした。玉座の一方の側には地球儀を置き、反対側に天球儀を置く。シャンデリア〔一対《つい》〕は部屋の真ん中から等距離の位置に天井からさげる。北側のはずれにはプラネタリウムを立てる。南側のはずれにはヴァリアミの時計（ヴァリアミはスイス出身の有名なイギリス時計師で彼の作品は最高のほまれが高い）、晴雨計、ダービシャーの磁器製の花瓶と人形、およびフレーザーの太陽系儀を置く。これほどの工夫の巧みさと実用性と美しさを一つの部屋に集めたものは、世界中どこを探しても、よそでは見ることができないと思う」

また一行は熱河の王宮を訪れ、そこでも礼物を捧げた。しかし、既に王宮に飾られていた時計類を見て、さすがのマカートニーも恥かしい思いをしたほど絢爛豪華なコレクションがそこにあった。

「これらの建物は、……絵画、途方もない大きさの碧玉《へきぎょく》や瑪瑙《めのう》の花瓶、精巧をきわめた磁器や漆器、また、あらゆる種類のヨーロッパ製の玩具やシング・ソング〔機械仕掛で歌をうたうおもちゃ〕、地球儀、太陽系儀、時計や音楽を奏でる自動器械で飾られていた。これらの品々は精妙きわまる出来ばえであり、またその数はおびただしいものであって、われわれの持参した礼物などは、これらと比べられることを尻ごみして『うすき影をかくす』に違いない」

この文章を読むと、大英帝国を代表してきたマカートニーの嘆息がきこえてくる気がする。しかも熱河の王宮で見た結構な品々よりも、「円明園のヨーロッパ製品陳列所にあるものの方が、はるかに勝っている」といっているところをみると、皇帝のコレクションがいかに大規模なものであったか、おそらく想像を絶するものであっただろう。

時計は皇帝の高級玩具であったばかりか、貴族や高官の間でも、船来時計の蒐集がさかんで、また贈賄の品に利用されたのも、多くは時計であった。高官の時計蒐集がどれほど大規模であったか、その一端を示してくれるのが和珅のケースである。和珅は賤しい身分から出て乾隆帝の寵を一身に集め、最高の官位についた清朝きっての出世頭であったが、その専横は目にあまるものがあったので、乾隆帝の死後わずか五日でつぎの嘉慶帝によって捕えられ全財産は没収された。ふつうなら死刑のところ、先帝の喪中であるという理由でとくに自尽の刑を賜わったのであるが、その没収財産のなかには、大時計十九個、小時計十九個、七宝および金の懐中時計が一四〇個もあったといわれる。時計蒐集が貴族や高官へ拡大し、一種の流行になっていた様子がうかがえて興味深い。

こうした流行や貴族の需要に対応すべく、十八世紀末から十九世紀初めにかけてヨーロッパから当時唯一の開港場であった広東へさかんに時計が輸出された。一七九〇年ごろから一八一五年にいたる間、毎年英貨で十―二十万ポンドの輸入があったと推定されている。これらの時計はふつう「広東時計」とよばれているが、その多くはからくり仕掛けの奏楽つきで、東洋風の木製ケースに納められていた。十八世紀はイギリス製のものが多く、イギリスの時計会社のなかにはとくに中国向きの時計を専門に作っていたものもあった。しかし十九世紀になると、スイス製の時計が急速に進出し、なかでも安い懐中時計ではイギリスは完全にスイスとの競争に敗れてしまう。

ところがここで注目すべきことは、時計のアジア市場は中国に限られていて、日本へは部分品が若干、長崎を経て入ってきていたけれども、完成品は日本市場へ入ってこれなかったことである。その理由は、当時日本は独自の時刻制度を採用していて、西洋の時計をそのまま持ち込んでも実際の役に立たなかったからである。それなら西洋の時計をそれほどまで大量に輸入していた中国は、果たしてそれによって西洋時計の示す時刻制度を採用し、西欧市民社会と同じような時間による秩序的・組織的な生活を送っていたのだろうか。

ニーダムによれば、「西洋の時刻制度が中国に押しつけられるのは、マテオ・リッチの時代から二世紀半経った後のことであり、アヘン戦争（一八三九—四二年）とそれに続く租界地帝国主権の時代である」という。それまでは「一昼夜を十二の等しい辰刻（時）に分割し、それを一〇〇（場合によっては九六や一二〇）の十五分単位（刻）に等分していた。この単位としての辰刻は西洋の一時間に相当するものに二等分するのが古くからの習慣であり、前半部分は『初』、後半部分は『正』とよびならわされた。しかし一方、中国には近代に至るまで五つの〝不等〟夜時間（更）の制度が並存しており、それぞれはまた五分割されて、季節ごとにその長さを異にしていた」とニーダムはのべている。

もしそうであれば、西洋式の時刻制度に一部類似しているところもあるが、同時に季節ごとに長短がある不均等な時間も存在していたわけで、その上に近代西洋式時間を刻む機械時計が入ってきて、しかもその時間システムが「アヘン戦争とそれに続く租界地帝国主権の時代」までまったく実用的機能を果たさなかったといってよい。そうすると、いったい中国にとって機械時計とは何であったのだろうか。

それはひと言でいえば、皇帝にとっての高級な玩具にすぎなかったというほかないだろう。つまりそれは、中国の時計工業・機械工業はおろか、工業化を刺激し促進することもなかったし、日常生活における時間システムの変革をもたらすこともなかったからである。かの康熙帝や乾隆帝が蒐集した、多数の、当時最高の工芸的技術レベルの清朝時計は、人びとの日常生活とは関係ないところで、正確にして空しい時を刻んでいたにすぎなかったのである。

清国駐在日本領事の報告によれば、一九一〇年ごろにおいてさえ、中国では例えば揚子江沿岸主要都市でも豊かな家々には時計はあってもたんなる装飾品にすぎず、日常生活における時間観念はきわめて乏しかった。すなわち重慶駐在のある農商務省嘱託の報告では、

「吾人ノ日常生活ニ欠ク可カラザル時計ノ如キモ当地ニ来リテハ単ニ身辺ヲ飾ルノ具タルニ止マルカ、又ハ室内ニ美観ヲ添フル一装飾品タルニ過ギザルノ観アリ、現ニ当地方ノ婦人ガ懐中時計ヲ胸部ノ鈕ニ掛ケテ其美ヲ争フガ如キ、亦甚シキニ至ツテハ機械ノ破損シタル一対ノ置時計ヲ客室ニ排列シ

テ平然タルガ如キ、何レモ当方面ニ於ケル時計ノ用途如何ヲ説明シテ余リアリト云フベシ」（『商工彙報』第六号）

これが西洋の機械時計に対して中国がとった態度の歴史的顚末である。それでは日本の態度はどうであったのだろうか。

**日本への機械時計の伝来**　日本へ最初に機械時計が伝来したのは、一五五一年（天文二十年）フランシスコ・ザビエルが大内義隆に献上したときとされる。宣教師ザビエルが時計を献上したのは、やはり布教の許しを得るためであった。しかしその現物は残っていない。その後一五九一年（天正十九年）、ローマ法王庁へ派遣された日本少年使節団が帰国した際、秀吉に献上したヨーロッパの土産のなかに時計があったといわれるが、これも残念ながら失われて現存しない。今日現存している最古の機械時計は、一六一二年（慶長十七年）徳川家康がスペイン国王から贈られた置時計で、静岡市久能山の東照宮に宝物として保存されている。この時計には、一五八一年（天正九年）スペインのマドリッドで、ハンス・デ・エヴァロがつくった、という刻字がある。その伝来もほぼ確実である。すなわち慶長十四年（一六〇九）、スペインの植民地であったフィリピンの総督ドン・ロドリゴが任期を終えて帰る途中、千葉県沖で遭難した。そこで徳川家康は三浦按針の新造船を提供して無事帰国させた。その御礼にスペイン国王フィリップ三世が家康に贈ったのがこの時計である。

やがて幕府はキリスト教を禁止し、鎖国によって外国貿易を管理下におき、オランダ・中国を除き外国との交流を断った。管理貿易下でも中国の白糸、絹織物、綿更紗、砂糖その他南蛮ものの輸入が結構多かったのだが、時計の輸入は、オランダ人の献上品のほかは、ほとんどみられなかった。

さきにものべたように、中国へはヨーロッパから多数の時計が輸出され「広東時計」の名で知られていたにかかわらず、日本への輸出がほとんどなかったのはどうしてなのか。

それは日本人が機械時計に無関心であったから機械時計の需要がなかったためだろうか。そうではなくて、日本には日本独自の時刻制度に合うような独特の機械時計が日本人自身の手でつくられていて、ヨーロッパ製の時計はそのままでは日本国内へ入ってこれなかったからである。もし日本が中国におけるように、時計の実用的機能よりか豪華な室内装飾品として、あるいは珍貴な玩具として価値を見出していたならば、そうした好奇心を満たすものとして輸入されたかもしれない。しかし日本では西洋の機械時計と接触するや、これを日本の風土と文化に適合するよう、独自の改良と工夫を重ねる方向で対応していったところに、中国と異なる日本の対応の特色があった。それでは日本人が独自につくった時計とはどんな時計であったのか。

**不定時法に適応させた改良**　機械時計が伝来したころ、日本では自然のリズムに従った生活が行なわれていて、朝の日の出から日没までの昼間の時間が四季の生活の中心をなしていた。昼間の時間も夜の時間も六等分していた。当然のことながら、夏季の昼の一単位時間は長く、夜の一単位時間は短い。冬はその逆である。つまり日本では一単位時間は春夏秋冬、季節によりまた地域によっても長さが違っていた。ところがヨーロッパの機械時計の刻む一単位時間は、一年を通じ、また場所のいかんにかかわらず、一単位時間は同じ長さである。機械時計の時間は、機械が創造した人工の時間である。日本におけるような自然のリズムによる時刻制度を不定時法というのに対し、機械が刻む平等な時間による時刻制度が定時法である。問題は機械時計の到来によって、従来の日本の不定時法とは異なった時間システム・時間価値が導入されたとき、日本人はいったいどう対応したかということである。

もし機械時計による定時法を採用するとなると、伝統的な生活習慣は大混乱をひき起こすであろう。しかし機械時計が数台入ってきたからといって、現実の生活が簡単に変わると考えることは馬鹿げた話である。一方、機械時計の伝来そのこと自身は、別に時刻制度の変更を強制するものではないから、時計は時刻制度とは切り離して、これを王侯・貴族の高級な玩具として、鑑賞や遊びの対象として扱うという中国のような対応の仕方もあるはずである。

しかし好奇心に充ち溢れていた日本人は、自らの手で機械時計を模倣してこれをつくることを試み、やがて不定時法に合うように機械時計を改良するという世界にも例のない独創的な対応をした。この点が中国と決定的にちがうところである。

江戸時代における日本人による時計製造の歴史は、いくつかの段階に分けて考えることができる。

はじめは、ヨーロッパの時計を忠実に模倣してつくった初期段階である。日本最初の時計をつくったのは、尾張の鍛冶工津田助左衛門といわれる。一八三二年（天保三年）の『尾張志』によれば、津田助左衛門が京都に住んでいたとき、家康公へ朝鮮から献上された時計が故障したので、誰かこれを修理するものがいないかと尋ねられたとき、見出されたのが鍛冶工助左衛門であった。彼は駿府へ出かけて、その時計の修理をするとともに、それをモデルに新しく一つの時計をつくったとある。家康が伏見で初めて朝鮮の使臣に謁見したのは一六〇五年三月のことであるから、日本最初の時計製作はそれより数年ののちのことであろう。これにつづいて十七世紀初めには、日本に何人かの時計職人がいたようである。彼らはヨーロッパ風の文字盤やローマ数字を漢字におきかえただけで、彼らのつくった時計はまだヨーロッパの時計の模倣の域を出なかった。

やがて職人たちは、忠実な模倣から脱し、日本の生活風土に合うよう工夫に工夫を重ね、改良に改良を加えていった。日本人はまねがうまいとよくいわれるが、まねから出発して独自の改良を加え、ユニークな作品をつくるに巧みであるのは、現在だけではなく過去の職人も同じであった。ロバートソンは『クロックワークの発展過程』の中で、彼のコレクションの和時計の一つ一つについて、西洋時計にみられない日本の職人の独創的工夫のあとを、鐘だとか、ケースや側板などについて詳細に分析している。しかし細かな部分はともかく、もっとも注目すべきは、日本の不定時法に合うよう、昼間用と夜間用の異なった単位時間のために、二本のテンプのついた二重脱進機つき時計を発明したことである。

機械時計の特徴は、元来定時法になじみやすいところにメリットがある。ヨーロッパでも機械時計が出現し一般化する十四、五世紀以前では、不定時法が採用されていた。それが機械時計の普及とともに、定時法に切り換えられてゆく。ところが日本では定時法になじむ機械時計を、あえて不定時法の時刻制度に合わせようとした。だから当然のことではあるが、やっかいな技術的課題に直面せざるをえなかった。一日のうちで昼と夜の単位時間が異なることから、一本のテンプでも可能であるが、わざわざ昼と夜の二本のテンプをつけて解決しようとしたことが一つ。しかしそれでも昼と夜の時間の長さは、四季によって毎月いやもっと細かくいえば毎日変化する。それをどう調節するかとなると、時間の正確さを求めるかぎり、ことはそれほど簡単ではない。不定時法は元来正確な時刻制度をベースにしたものでないから、不定時法の機械時計も時間の正確さの点では初めから限界のあることははっきりしていた。しかしその限界内でできるかぎり正確な時間に近づく努力を重ねていたのが江戸時代の時計師であった。

**多彩な和時計の世界**　それではこの二挺テンプ式和時計の調整方法は具体的にどうなっていたかというと、例えば昼間のもっとも長い夏至には、昼間の時刻を刻むためのテンプの錘《おもり》を、テンプのいちばん外側の切り込みに吊り下げる。もう一つの夜間用テンプの錘は、逆にいちばん内側の切り込みに吊り下げる。昼がしだいに短くなるにつれ、昼間のテンプの錘をひと切り込みずつ内側へ移動させる。一方夜間のテンプの錘は、逆にひと切り込みずつ外側へ移動させるわけである。春分、秋分といった昼夜平分時になると、錘はすべて同じ位置になる。テンプには中心点を挟んでその両側に切り込みがついているが、その切り込みの数はおよそ三十ないし三十五、その数の多いほど時刻の精度は高くなるが、錘をそれだけしばしばつけかえねばならない。また一日に一回一定時刻にテンプの錘をかけかえねばならない。考えてみると、時計の管理は実に大変な仕事であった。

こうした二挺テンプ式和時計は、だいたい十七世紀末、元禄時代に出現していた。このような型式の時計をふつう櫓《やぐら》時計とよんでいる。

もう一つ、ヨーロッパにはなくて、日本人が独自に開発した時計に尺時計といわれるものがある。それは日本の木造家屋の柱に簡単に掛けられるように、短冊型につくられたものである。その機構もきわめてシンプルで、錘に固定された針が、時刻を示した文字盤を垂直に下降する過程で、時刻を示す仕組みになっている。この一見単純な時計にも、不定時法に合うように、さまざまな工夫がこらされていた。

李御寧氏は、『「縮み」志向の日本人』のなかで、日本の文化は縮みの志向性をもっているところに特徴があるとし、その一例としてウチワが中国や韓国から日本に伝わったとたんに、その歴史に一大革命をもたらし折畳式の扇が創案された、とのべている。その意味では、尺時計も日本人の「縮み」志向の文化の一つである。残念ながら不定時法をベースにしていたから、尺時計は扇のように世界に拡がらなかった。しかし構造や取り扱い方も簡単で、値段も安く、柱に打ち込んだ一本の釘で間に合った上に、日本の家屋や調度類にも調和したから、和時計のなかでももっともよく普及した時計であった。もっともよく普及したといっても、どんな人びとが使っていたのか、商家で使われていたというが、いまのところよく分からない。

いままでのべた和時計は、錘を動力とするものであったが、ぜんまいを動力とする時計もつくられていた。それは枕時計とよばれる時計である。枕時計はまた豪華な装飾が施されていたので、俗に「大名時計」ともよばれている。ヨーロッパでぜんまい時計が一般に普及するのは十七世紀末以降のことである。したがって日本において枕時計が製作されるようになるのは、それよりかなり遅く、十八世紀末から十九世紀初めのころのことである。

枕時計にはそれなりの日本人の工夫が加えられ、機械技術、美術工芸上から注目すべきものもあるが、ロバートソンもいうように、基本的にはスイスのトラベル・クロックの模倣であるといってよい。トラベル・クロックというのは、旅行のときに持ち歩いた大きな時計である。いまのような腕時計もなく、旅の行く先々にも時計がなかった時代には、ヨーロッパでは旅行時には高さ二、三十センチの大きな時計を持ち歩き、ホテルの部屋や馬車のコーチ内に引っかけたものである。だからそれを模倣した枕時計も、木箱の上部に引っかける輪がついている。そして旅行時計にふさわしいように、一般にカレンダーや目覚まし機構がついているのが特徴である。

和時計といえば、ふつう右にのべた櫓時計、尺時計、枕時計の三種類に分類されるが、そのほかに日本人はさまざまな工夫をこらした時計をつくっている。例えば卓上時計、印籠時計、卦算《けさん》時計などとよばれているものがそれである。いずれもヨーロッパの各種時計をモデルとしてつくられたものであるが、日本人の模倣性をよく現わしているとともに、時計に対する根深い好奇心と時計の実用化へのあくなき執着心のようなものが感ぜられて興味をそそる。

例えば印籠時計。元来印籠というのは、腰に下げてもち歩いた携帯用薬入れである。帯に挟んで落とさないように根付か緒締めがついていた。この薬箱に時計を入れ込んだのが印籠時計で、ヨーロッパ人が洋服のポケットに入れた懐中時計の日本版である。その機械はぜんまい駆動で日本人の技術ではまだ懐中時計の製造はできなかったから、すべてヨーロッパ製とくにロンドン製の輸入ものである。イギリスと直接交易していない時代であるから、長崎のオランダ商人をつうじて注文したのであろう。印籠時計のケースは、黒漆塗とか金蒔絵の豪華なものが多く、その製造は時計師とは別の蒔絵師の仕事であった。

つぎに卦算《けさん》時計というのは、英語でペイパー・ウェイト・クロック、つまり文鎮時計である。医者や文人たちが好んでこれを用いたといわれるが、今日のペン・ウオッチやライター・ウオッチに当たると考えてよい。形は縮小版尺時計に似ているが、尺時計は錘を動力としていたのに対し、卦算時計は動力にぜんまいを用いていた。しかし精密機械工業や工作機械工業が発達していなかった日本では、精巧なぜんまいの製造はとうてい及ばず、すべて輸入ものであった。

# 「奥の細道」の時計

**芭蕉はなにで時刻を知ったのか**　「月日は百代の過客にして、行かふ年も又旅人也」という名文から始まる『奥の細道』。この芭蕉の『奥の細道』に、私がかねてから抱いている一つの疑問がある。それは、芭蕉が時計をもって旅をしていたのだろうかという疑問である。いきなり時計の話をもち出しては、とまどう読者も多いと思うが、その疑問というのは実はこうである。

周知のように芭蕉は元禄二年（一六八九）三月末、江戸深川庵を発って「奥の細道」の旅に出た。芭蕉が従えた従者はただ一人、その名は曽良。曽良は本名河合惣五郎、出身は信濃国上諏訪だが、伊勢長島藩松平家に仕えた武士で、のち江戸に出て吉川惟足に神道・和歌を学び、蕉門に入って芭蕉の世話をするようになった。芭蕉に従って旅した彼は、『曽良旅日記』という貴重な記録を残した。

『奥の細道』は紀行文ではあるが、旅の記録ではない。おおまかな旅程は分かるが、日記ではないので、旅先での細かなできごとは記録されていない。ところが『旅日記』では、芭蕉の毎日の旅の行動が時間を追ってかなり詳しく記されている。

一例をあげると、芭蕉は日光・那須・黒羽を経て仏頂和尚山居の跡で知られる雲岩寺を訪れ、そこで、

　　木啄も庵はやぶらず夏木立

という一句を残す。ついで殺生石から、西行の歌で有名な「清水ながるるの柳」を尋ねるべく、わざわざ足を運んで詠んだのが、

田一枚植ゑて立去る柳かな

という名句である。

ところで曽良の『旅日記』では、殺生石を訪ねたのが四月十九日。その前日からの行動を『旅日記』でみてみると、つぎのように記されている。

「一　十八日　卯尅（午前六時）、地震ス。辰ノ上尅（午前七時）、雨止。午ノ尅（十二時）、高久角左衛門宿ヲ立。暫有テ快晴ス。馬壱疋、松子村迄送ル。此間壱リ。松子ヨリ湯本へ三リ。未ノ下尅（午後三時）、湯本五左衛門方へ着。

一　十九日　快晴。予、鉢ニ出ル。朝飯後、図書家来角左衛門ヲ黒羽へ戻ス。午ノ上尅（午前十一時）、温泉へ参詣。……夫ヨリ殺生石ヲ見ル。……

一　廿日　朝霧降ル。辰中尅（午前八時）、晴。下尅（午前九時）、湯本ヲ立。ウルシ塚迄三リ余。……」（岩波文庫、カッコ内は角山）

このような調子で日記がつづられている。卯尅《うのこく》だとか、辰《たつ》ノ上尅《じょうのこく》だとかいった時刻の表示は、当時の不定時法による時刻だから、それを現在の定時法にそのまま換算することには疑問があるが、あえて現在の時刻制度にあてはめてみたのが、カッコ内の時間である。毎日このような記載の仕方をしているわけではないが、それでもほぼ一貫してなんの尅（刻）にどうしたという書き方をしている。

そこで問題は、曽良はどうして卯尅、辰ノ上尅、未《ひつじ》ノ下尅《げのこく》などといった時刻を知ったのかということである。

この問題を考えてゆくまえに、芭蕉とほぼ同じころに来日した西洋人の克明な日記があるので、参考までにそれを紹介し、二つを比較してみたら面白いだろう。それはオランダ東インド会社の医師として来日したドイツ人ケンペルの日記である。

**ケンペルの日記**　エンゲルベルト・ケンペルは一六九三年（元禄六年）『江戸参府旅行日記』を残している。ケンペルの日記は、日本の時刻制度に従わず、西洋の時間システムに拠って「朝七時に出発」といった記述方法を守っている。ところがもっと面白いのは、「三時間かかって○○へ着く」とか、「舟乗り場で十五分待たされた」といった記述が出てくることである。「十五分」という単位が出てくるのには驚かされるが、さらに当時の日本にはまったくなかった、「徒歩で四十五分の距離」といった、距離を時間に還元する表現が用いられていることは驚きである。ちなみに十七世紀後半のヨーロッパでは、十五分というのはふつうの時間単位であった。

ケンペルの紀行文が実際どのようなものであったか、参考までに『江戸参府旅行日記』（斎藤信訳、東洋文庫）から一部を引用すると、

「三月九日　金曜日。われわれは七時に宿を出て、大きな川のほとりに出た。この川はその向う岸にある藤枝という町から名をとって、藤枝川〔今日の瀬戸川〕と呼ばれていた。……町の入口と出口には門と番所があったが、曲りくねった街道に立並んでいた家々は、大部分が粘土作りの粗末なもの

で、通過するのにたっぷり半時間かかった。……ここからそう遠くない右手の街道から半時間の所に、田中城と呼ばれる有名な城があり、……鞠子という小さい町に着く。ここで昼食をとってから、再び馬や乗物に乗って半時間後に安倍川村に達した。……この川から一五分で、この地方の首都駿河〔今日の静岡〕に着いた」（傍点は角山）

それでは、ケンペルはどうして十五分単位の細かな時間を知ったのだろうか。彼は『旅行日記』のなかに記していたように、明らかに懐中時計をもっていたのである。すなわち江戸城へ挨拶にあがったとき、役人や大奥の女たちが物珍しげにオランダ人一行の持ち物を見て喜んだが、その珍しい持ち物のなかに、帽子や剣、煙草のパイプのほか懐中時計があったことが記されているのである。しかしそれがどんなウオッチであったのかよく分からない。よく分からないけれども、異国への旅立ちに際し、おそらくオランダから最新型のウオッチを携えてきたにちがいない。

とりわけ当時のオランダは時計技術・時計工業にかけては、世界のトップレベルにあった。一般にヨーロッパの時計は、十七世紀中ごろまでは時針が一本ついているだけであったが、オランダ人クリスチァン・ホイヘンスおよびイギリスのロバート・フックによってひげぜんまいが発明され、またアンカー脱進機の発明によって、ウオッチには一六七五年以降分針がつくようになり、時間も一日の誤差わずか五分程度と驚異的な正確さを保つようになった。それまではよく動いたときでも、一日に三十分ほどの狂いがあったといわれる。

ともかくケンペルは発明されたばかりの、分針のついた最新型のウオッチを携えて日本へやってきたにちがいない。ケンペルは小人島へ旅行したガリヴァーのモデルではなかったか。

**芭蕉の時計は日時計か**　それでは日本人は懐中時計をまったく知らなかったかというと、そうではなくて十八世紀初めに出版された、今日の百科事典にあたる『倭漢三才図会』には、「とけい、自鳴鐘、俗云時計」という項目があって、そこには「懐《フトコロ》中時計、形甚ダ小サク懐中ニ入ル可シ、阿蘭陀人始メテ将来ス」と説明があるところをみると、どの程度それが日本人の間に普及していたかどうかはともかく、懐中時計を知っていたことは確かである。しかし芭蕉が懐中時計をもって旅をしていたとはとても考えられないだろう。

もし携帯用時計をもって旅をしたとすれば、まず考えられるのは日時計ではないかと思われる。どうして日時計をもち出したかというと、実は十九世紀初めに来日したシーボルトが、日本人のさかんな旅行ブーム、しかも旅行者が日時計をもって旅行していたことに驚いているからである。

シーボルトは一八二三年（文政六年）、オランダ東インド会社の医師・博物学者として長崎に来り、一八二六年（文政九年）春、商館長スチュルレルに従って江戸参府を行なった。そのときの記録が『江戸参府紀行』（斎藤信訳、東洋文庫）である。そのなかで彼は、日本人の旅行ブームについてつぎのようにのべている。

「おそらくアジアのどんな国においても、旅行ということが、日本におけるほどこんなに一般化している国はない。自分の領地から江戸へ往き来する大名の絶え間ない行列・活発な国内商業・その貨物の集散地大坂にはこの国のあらゆる地方から売手や買手が殺到するし、また巡礼旅行も非常に盛んである」

「日本では道路地図や旅行案内書は必要で欠くことのできない旅行用品のひとつである。旅行者は、ヨーロッパで使われるよりもっと多く一般にこういう類を利用する。……

（こうした旅行案内書、ガイドブックには）旅行用地図や道程表のほかに、日本人旅行者にとって有益なことがらの要点がのっている。すなわち旅行用品の指示・馬や人夫の料金・通行手形の形式・有名な山や巡礼地の名称・気象学の原則・潮の干満の表・年表などである。そのうえ現行の尺度のあらまし・紙捻《こより》を立てるとでき上がる日時計までついている」

中公新書に収められている加藤秀俊氏の『新・旅行用心集』は、文化七年（一八一〇）に刊行された八隅蘆菴著『旅行用心集』をもとにして、加藤氏の長年にわたる旅行経験から旅の心得をエッセイ風に書いた興味深い本であるが、加藤氏がとりあげた八隅蘆菴の『旅行用心集』は、まさしくシーボルトが日本人の間でよく利用されているとのべている、その旅行案内書の一つである。またシーボルトのいう道路地図やガイドブックというのは、「旅行用心集」のほかには「諸国名所図絵」「巡覧大絵図」といったたぐいのものを指すと思われるが、それらは江戸中期からの旅行ブームにのって続々と各地に現われた。

こうした日本における庶民の旅行と旅行文化の発展は、ヨーロッパと比べ、大衆文化での日本の先進性をあらわしている。

ちなみに、イギリスでもチョーサーの『カンタベリ物語』にみられるように、中世には巡礼の旅がなかったわけではないが、庶民がガイドブックを頼りに旅に出たり、団体旅行をするようになるのは、十九世紀中ごろ以降鉄道が発達してからであって、近代旅行業の開祖とされているトーマス・クックが、一八四一年七月の禁酒大会に五七〇人の会員を特別列車で輸送したのが、今日の団体旅行の最初といわれている。

それ以前の旅行といえば、イギリスの貴族やジェントリが、青年時代に見聞を広め、外国語と行儀作法を習得するためにフランスやイタリアを旅行した、いわゆる「グランド・ツアー」、また渡り職人に代表されるような修業・修学の旅が主なものであった。

だからシーボルトが日本人がよく旅行するのに驚いたのも無理はないし、ガイドブックはヨーロッパより日本の方がはるかに進んでいた。しかも興味深いことは、そうしたガイドブックには、紙捻《こより》を立てると、簡単にこしらえられる日時計がついていたことである。日本人の発明した簡便な携帯用紙時計、これこそまさに日本の庶民文化であり、日本人の生活の知恵である。

イギリスで庶民や労働者が一般に携帯用のウオッチを身につけるようになるのは、鉄道ができて庶民も鉄道に乗れるようになる一八四〇年代末以降のことである。それでもウオッチは高価で、庶民にはなかなか手に入らなかった。そのことを想うと、日時計のついたガイドブックを発明した日本人は、かなり高度な市民社会の時間意識をもっていたと思われる。

それにしても、どうして旅行に時計が必要であったのか。寺社の祭礼とか関所や町の門限に間に合うためか、いずれにしても旅行中しばしば日時が決まっている場所に間に合わせる必要があったと思われるが、このあたりのことはよく分からない。

さて、それでは「奥の細道」の旅に芭蕉と曽良はガイドブックや日時計を携行したであろうか。いうまでもなく芭蕉は当時日本最高の文化人・知識人であり、しかも「奥の細道」の旅そのものが、行く先々の連衆による一種の招待旅行であったのであるから、とくにガイドブックのようなものを携行する必要はなかった。しかし曽良は、旅立ち前に予定されている旅先の神社・仏閣などについて調査し、「延喜式神名帳抄録」を作成していたのである。そうした準備を整えて出発したが、携行品のなかに日時計があったかどうか確証がない。

もし日時計をもっていたにしても、雨のときには役立たなかったであろう。「辰ノ上尅雨止」と記されていることから、日時計によって辰ノ上尅を知ったのではないことは明らかである。また、もし日時計を日常使っていたならば、俳句や連句にそれが詠まれてもよいはずなのに、私の知るかぎり日時計はでてこない。そのような事情を考慮すれば、芭蕉は日時計をもっていなかったといってよいのではなかろうか。

**鐘が鳴っていた日本**　懐中時計とか日時計といった個人用計時器をもたなかったならば、曽良はどうして時刻を知ったのか。おそらく公共用時報、例えば寺の鐘によって時刻を知ったと考えるのが無難であろう。「花の雲　鐘は上野か　浅草か」と芭蕉が詠んだあの鐘であり、「明六ツ、暮六ツ」と鳴っていた鐘である。

ところが江戸のような大都市ならばともかく、「奥の細道」のような辺鄙《へんぴ》な片田舎や山奥まで、寺々の撞く鐘が鳴りわたり、しかもそれが時報の役目を果たしていたのだろうか。もしそうであれば、近代社会の条件である時間による秩序性と組織性の基盤が、十七世紀末の日本社会に整っていたことになる。ちなみに、もっとも早く市民社会が成立したイギリスでも、都市だけではなくほぼ全国的規模で教会が鐘によって農民や市民に時刻を知らせるのは、ようやく十七世紀初めのことである。イギリス国教会の教区は現在その数約一万四千、当時教区教会のすべてが鐘をもっていたかどうかよく分からない。江戸時代が封建制の段階で、市民社会が成立していたヨーロッパよりずっと遅れていたと考えているものには、日本の辺境であった奥州の村々まで、時報の鐘が鳴っていて、時間による秩序的生活が行なわれていたとは、とうてい思えないにちがいない。

ところで、いま芭蕉と曽良が「奥の細道」の特定の場所において、現実にきいた鐘を実証できればよいが、いまのところそれは困難である。しかし坪井良平氏の『日本の梵鐘』（角川書店）など一連の研究によって、寺の鐘の普及状況がほぼ明らかになっている。それによれば、慶長末年ごろ、つまり十七世紀初めまでに存在していた梵鐘の数は、現在確認できるものだけでなんと一〇八五、しかもその分布は江戸、京都など大都市だけでなく、北は青森から南は九州・沖縄まであまねく普及していたことが分かる。しかも鐘が本格的に大量生産されるようになるのは、泰平の江戸時代に入ってから、とりわけ十七世紀中ごろ以降のことである。この時代は「鐘一つ売れぬ日はなし江戸の春」と詠まれたように、梵鐘鋳物師のもっとも繁昌した時代である。

それでは江戸時代に鋳造された鐘の数はいったいどれだけの数にのぼったのか。坪井氏の『梵鐘』（学生社）によれば「その数はとうてい計り知ることはできないが、大小合せて三万口にも達したろうか」という。もうひとつの推計は寺の数と戦時中に供出された梵鐘から過去へ遡って推計する方法である。太平洋戦争中、全国で七万余りの寺院があり（『寺院年鑑』によると現在は約八万）、梵鐘数は五万五千口であったといわれるが、その九〇％が供出された。過去における大規模な供出令は、太平洋戦争と安政二年の「梵鐘鋳換方布令書」による毀鐘令の二回である。安政のときは、外国の攻撃に備え緊急に鐘を鋳つぶして大砲をつくる必要に迫られたからである。その他西南ノ役で西郷軍が梵鐘を徴発したケースもあり、江戸時代の梵鐘数は現在の時点で正確につかめないにしても、だいたい三万ないし五万であったと推計してよいのではないか。それは江戸時代の村の数が約五万とされており、各村に戸籍を管理した行政センターの寺があり、寺には梵鐘があったとすると、梵鐘数三万ないし五万という数字は、それほど現実とかけ離れたものではなかったと思われるからである。

しかもその梵鐘の生産は、坪井氏によれば「天下泰平の世が続くにしたがってしだいに多く鋳造されることになり、十七世紀の中葉寛文の頃から急激に増加し、元禄時代になって最高潮に達した」。元禄期は戦国時代に荒廃した社寺の創再建時代に当たっていた。また幕府がその宗教体制として全国的に檀家制度・菩提寺院を確立したのも元禄時代であった。その後享保年中（一七一六—三五）にはやや減退するが、十八世紀中ごろ宝暦の前後にふたたび高潮期を迎え、以後ふたたび退潮期に入るという。

こうした梵鐘鋳造数の変動は、米価の動きと相関関係にあったとするのが坪井氏の見解である。すなわち施主旦那の懐工合によって鋳造が左右されたため、米価が高騰したときに多くの梵鐘が鋳造され、米価が低落したときに鋳造が手控えられたというわけである。

確かに地主の収入は大きな要因であったが、私は鐘の素材であった銅の生産との関係が重要であったのではないかと考えている。というのは、日本の梵鐘・時鐘のほとんどすべてが青銅の鋳造品で、青銅は銅八六％、錫一四％内外の合金だからである。それにしても生産された鐘の数が三万ないし五万というのも意外と大量にのぼるが、それも十七世紀後半から十七世紀末の時代に集中しているとなると、この時代に大量の銅生産がなければとうてい鋳造が困難であったにちがいない。それでは果たしてこの時代の日本にそれだけの銅が産出したのだろうか。ともかく鐘の問題は、日本の銅生産がまず一つの決め手になるのではないか。

**世界一の産銅国**　ところで小葉田淳氏の『日本鉱山史の研究』（岩波書店）によれば、実は日本の産銅高は元禄十年（一六九七）ごろピークに達し、精銅で一〇〇〇万斤（約六〇〇〇トン）、当時世界最高であったという。日本全国に分布した別子・秋田・尾去沢・白根・立川・生野といった銅山が活気を呈していた。日本は奈良時代から銅の産出で知られ、室町時代には中国を経て東南アジア・インドへも輸出されていたが、十六世紀にポルトガル人を先頭にヨーロッパとアジアの貿易が始まると、日本の銅は豊富な金・銀についで世界商品として注目されるようになった。銅はヨーロッパでも主として金銀についで第三の金属貨幣として使用されていたが、十六世紀初め大砲が戦場で威力を発揮し、ヨーロッパに武器革命が起こって以来、銅は軍需資源としてにわかに注目されるようになった。ヨーロッパの銅生産は含銀銅鉱石を産出した中部ヨーロッパが中心であったが、それでも十六世紀中ごろでは年産一万五〇〇〇トンぐらいで増大する需要に追いつかなかった。そこでヨーロッパ人の注目を集めたのが日本の銅であった。

十六世紀から十七世紀中ごろにかけての日本は、金・銀の産出においてメキシコ、ペルーと並ぶ世界最大の産金銀国であった。その巨額な銀は十七世紀初めから流出しはじめ、鎖国後もオランダの手を経て海外へ流出した。幕府は一六六七年銀の輸出を制限したが、今度は銀に代わって、当時世界の戦略物資であった銅が出てゆくのである。寛文から元禄期にかけて銅の流出は年々増加し、年間輸出量は四〇〇〇万斤から八〇〇〇万斤を越える莫大な量で、おそらく日本の銅生産の約八〇%が輸出に向けられていただろう。デンマークの経済史家グラマン教授は『オランダのアジア貿易、一六二〇—一七四〇』（一九五八年）のなかで、オランダが日本で買付けた銅量の情報によって、アムステルダムの銅相場が左右されたという事実を指摘している。当時いかに日本の銅が世界商品として世界経済を動かす力をもっていたか、われわれは改めて鎖国とは何であったのか、世界史における鎖国日本の地位を考えさせられるのである。

ところで、銅がこの時代大量に流出したといっても、寛文から元禄・宝永を経て正徳にいたる時代は日本全国が銅ブームに沸いた時代である。日本国内では銅は主として銅銭に使われたほかは、ヨーロッパとちがって大砲など軍事用に用いられること少なく、もっぱら平和な宗教的目的、例えば仏閣建築、屋根葺き、寺の装飾、仏像、とりわけ梵鐘に用いられたのが特徴である。私がここでとくに注目するのは、この銅ブームを背景として梵鐘が大量に生産されたという事実である。生産統計がないので、それを数量的に証明することは困難であるが、藩や地方文書に現われた鐘の鋳造に関する資料から間接的に推測することができる。

**梵鐘から時鐘へ**　それでは、十七世紀中ごろから十八世紀の江戸時代にどうしてほぼ全国いっせいに鐘をもつようになるのだろうか。どういう社会的ニーズにもとづいて鐘がつくられたのだろうか。

私は端的にいって、寺院の梵鐘は仏事用の鐘から、時の鐘へ、つまり時報という機能へ、鐘の機能の転換があったのではないか、いや機能の転換というよりか、元来あった時鐘としての機能が、社会的に強く要求される事情にあったのではないかと思う。

元来、日本の鐘は古代はともかく、寺院が出現して以来、寺院にのみ定着し、その他の場所に定着しなかった。だから日本ではこれを梵鐘とよぶわけであるが、梵鐘の特徴は鐘を外側から撞木《しゅもく》でついて鳴らす点である。これに対し西洋の鐘はいわゆるベルで、鐘の内側に吊り下げた舌で叩いて鳴らすのが特徴である。

さて、『徒然草』第二百二十段に「凡そ鐘の声は黄鐘調《おうじきちょう》なるべし。これ無常の調子、祇園精舎の無常院の声なり」として、黄鐘調の比類なき音の例として大阪四天王寺に現在もある六時堂の前の鐘の話がでてくる。四天王寺は聖徳太子が建立したとされるが、六時堂というのは日出、日中、日没、初夜、中夜、後夜の六時の勤行を修める堂のことで、ここではこのようにきまった時間に勤行するから、その前にあった鐘（現在は北鐘堂という）は時間に間違いがなかったといわれる。ともかく寺院の鐘は仏事・勤行の合図であると同時に、時報の役目も果たしてきた。

ところが室町の戦乱時代を迎えると、鐘は軍隊の集団的・組織的行動の指図用具として、いわゆる陣鐘に徴用される。鐘が一般に宗教的行事とは別の目的で用いられ始めるのもこのころで、網野善彦氏は『中世の風景』（下巻、中公新書）における座談会で、十五世紀後半備中の新見荘《にいみのしょう》で起こった土一揆に際し、男たちがみな八幡神社に集まり、「大鐘を撞《つ》き、土一揆を引ならし」という例をあげている。しかしふつう神社には大鐘がなかったであろうから、寺の鐘かあるいは在家の警鐘としてすでに半鐘が出現していたのかもしれない。

ともかく戦国時代の動乱期には、武士や農民の時間による組織的・秩序的軍事行動を支えるものとして、鐘がとくに重要性を帯びるようになった。この時代に日本人の時間訓練が培われたのではないかと私は思っているが、武家の「家訓」に時間による規則正しい日常生活の諭しが現われるのはこの時代である。

秀吉の小田原攻めで滅亡するまで関東南西部で安定した領国支配を続けていた後北条氏、その基礎を築いた北条早雲（一四三二—一五一九）は、「二十一箇条」の家訓を残している。そのなかに厳しい日常生活に対する時間規律が掲げられている。

「一、ゆふべには、五つ（午後八時）以前に寝しづまるべし。夜盗は必ず子丑《ねうし》の刻（午前零時から午前二時）に忍び入るもの也。宵に無用の長雑談《ながぞうだん》、子丑にねいり家財をとられ損亡《そんもう》す。外聞しかるべからず（外聞の悪いことだ）。宵にいたづらに焼すつる薪灯《たきぎあかし》をとりをき、寅《とら》の刻（午前四時）に起《おき》行水拝みし（行水をつかって神仏に詣で）、身の形儀《ぎようぎ》をととのへ、其日の用所《ようしよ》妻子家来の者共に申付《もうしつけ》、扨《さて》六ツ（午前六時）以前に出仕申べし。古語には子《ね》にふし、寅《とら》に起《おき》よ（午前零時に休み、午前四時に起きよ）と候《そうら》得《え》ども、それは人により候。すべて寅（午前四時）に起て得分有《とくぶんある》べし（誰にとっても利益のあることだ）。辰巳《たつみ》の刻（午前八時から十時）迄臥《ふし》ては、主君の出仕奉公もならず、又自分の用所をもかく、何の謂《いわれ》かあらむ、日果むなしかるべし」（吉田豊編訳『武家の家訓』）

農村社会の生活にはふつう時間による組織的行動を必要としない。しかし戦国時代の武家社会は別で、時間による規律ある行動が戦いの勝敗を分ける決め手となる。だから早雲の後裔北条氏政は天正三年（一五七五）の出陣に際し、小田原城の守護を命じた虎の印判状に、つぎのような厳しい時刻による行動規律を掲げていた。

「一、門の開閉は朝六ツ（午前六時）を知らせる太鼓を打ってのち、日の出を見て門を開けるべく、晩は入会の鐘を鳴らし終わるのを合図に閉じよ。

一、日中は朝の五ツ太鼓（午前八時）から八ツ太鼓（午後二時）まで三時（六時間）の間、番衆は持ち場の曲輪から離れて一時（二時間）ずつの休息をとるべし。七ツ太鼓（午後四時）以前に、着到状に各人が指定された曲輪に集合し、夜中しっかり詰めていよ」（中部よし子「戦国時代を中心として見た城での生活」、『日本城郭大系』別巻Ⅰ、城郭研究入門、所収）

ここで注目すべきは、城内の時報は寺の梵鐘に頼らず独自の太鼓による時報システムを採用していることである。これを城鐘とよぶ。そしてこの城における太鼓や鐘による新しい城鐘＝時報システムは、そのまま江戸時代の城下町にひきつがれてゆくのである。

城下町には行政官庁としての城、一種の官僚としての武士階級の生活と、職人・町人・一般庶民の暮らしがあるが、時報の鐘は城下町が拡大されてゆくにつれて、城鐘と、城鐘から独立した市民のための時の鐘に分かれてゆく。それに古くからある寺の鐘と併わせると、江戸時代には三重の時報システムが存在していたことになる。しかも時報の手段として矢倉太鼓や銅鑼が登場し、鐘を撞く場合でも、その撞く回数が三つの時報システムの間でそれぞれ違っていたのではないか。橋爪金吉氏は『梵鐘巡礼』(ビジネス教育出版社)のなかで、一般の寺院の梵鐘は明六ツ、昼九ツ、暮六ツの三回しか撞かないのに、鐘撞堂の鐘は時報だから一日十二回の刻を打ったとのべているが、もしそうだとすると、「奥の細道」のような農村の辺鄙なところでは一日三回の鐘声だけであったということになり、曽良の克明な時刻の記録が理解できない。この点はまだ再検討の余地があるようだ。

**市民の鐘の出現**　ところで城下町にいつ時鐘が出現したのか。時鐘についてのまとまった研究がないので確信のあることはいえないが、慶長五年(一六〇〇)和歌山に浅野幸長公が入城したとき、本町に鐘楼を設けたのが最初ではないかと思う。この鐘は登城ならびに町人たちへ刻限を知らせるためのものであった。『紀伊国名所図会』には京橋御門の橋のたもと、高く聳える鐘楼が描かれている。鐘撞堂には甚右衛門・伊右衛門の二人が、正四人扶持を受けて、幕末のころまで、ここに詰めて時報の役目を果たしていた。ところが和歌山にはもう一つ、城の南に小高い岡山という丘があり、正徳二年(一七一二)そこに時鐘堂が設けられた。本町の鐘楼は現在存在しないが、岡山の時鐘堂はいまも県の史跡として残っている。

時鐘はその後日本各地の城下町に続々とつくられてゆく。松坂(一六〇五)、小倉(一六〇六)、高松(一六〇七)、江戸(一六二六)、大阪(一六三四)、静岡(一六三四)、盛岡(一六四八年以前)、岡山

（一六六六）、小田原（一六八六）と全国各都市に拡がってゆく。

例えば関東の人びとにとってなじみ深いのは、川越市多賀町の時の鐘であろう。この時鐘は元来川越城主酒井侯が寛永年間（一六二四―四四）に建てたものといわれるが、その後破損したため承応二年（一六五三）に鋳直した。当初はここにあった常蓮寺の楼門にかけてあったらしいが、追々立派な櫓《やぐら》に変わった。現在の鐘楼は明治二十六年の川越大火のあと、江戸時代そのままに復元したものである。その高さ約十六メートル、周辺の蔵造り建築が並ぶ古い町並みとともに、時鐘を中心とする城下町の市民生活のおもかげを残している。

関東平野にはいま一つ、川越の東約二十キロの岩槻市に時の鐘が残っている。場所は旧岩槻城の大手門のあたり、土を盛って小高くした土台の上に木造の鐘楼が立っている。この時鐘は寛文十一年（一六七一）城主阿部正春が鍛冶工渡辺近江掾正次に命じて新鋳、時を知らせたのが最初である。現在の鐘は、享保五年（一七二〇）当時の城主永井直信が改鋳したものだが、むかしこの鐘は九里四方に鳴りひびき、江戸にまで届いたという。いまでも毎日夕方六時に鐘を撞いているが、その音は騒音にかき消されてか、近所の人でさえ聞こえないことが多いという。

こうした時鐘が現在どれだけ残っているのか、残念ながら全国的な調査はできなかった。しかしいずれにしても、これらの鐘は寺の鐘ではなく市民の鐘である。市民の鐘といっても、城下町ではその管理費と維持費が藩から出ていたから、武士階級主導の鐘であり、「時間」であったが、江戸や大阪のような町人・市民階級の発展していたところでは、文字どおり市民が管理した市民の鐘へと発展した。

江戸の時鐘でもっとも古いのが石町の鐘である。現在は営団地下鉄小伝馬町駅の傍らにある十思公園に移され、モダンな鉄筋コンクリートの鐘楼の中に収められている。この江戸最初の時の鐘は、将軍秀忠の時、江戸城内の西の丸で撞いていた城鐘であった。鐘楼堂が御座の近くで差し障りがあるため、太鼓にかえて、鐘は日本橋石町に鐘楼堂を造ってそこへ移した。その管理費は町人から一カ月永楽銭一文を集めて経常費にあて、修理その他大金が必要なときは幕府から公金を受けとっていたといわれるが、石町の鐘は城鐘から市民の時鐘に転化したものといってよい。十八世紀の江戸は人口約百万、世界一の大都市に膨張したため、時鐘も日本橋石町、浅草寺、本所横川町、上野大仏下、芝切通、市谷八幡、目白不動、赤坂田町、四谷天竜寺の九つに増加した。

これに対し大阪の鐘は、純粋の市民の鐘として造られた点で注目してよい。その経過のあらましはつぎのごとくである。

寛永十一年(一六三四)将軍家光が上洛した際、大阪に地子免除の特権を与えた。これは大変ありがたいことだというわけで、大阪の惣年寄が集まり何か記念物をつくる相談をした結果、釣鐘を鋳て時報に役立てようということになった。こうして二ツ井戸付近に鋳物工場をつくり、鋳物師惣左衛門に鐘を鋳造させたが、そのとき幕府から貰った銀をすべてこれを地金の中に加えたという。釣鐘屋敷はいまの東区釣鐘町二丁目に建てた。それ以後これが大阪の市民の鐘となり、二六時中時の鐘を撞き、市民生活や米会所の取り引きなどはこの鐘の時刻を標準時として規律あるものになってゆく。釣鐘屋敷ができる以前は、天王寺の西方にある一心寺の梵鐘が江戸にならって時の鐘を撞いていたから、大阪では梵鐘から時鐘へというコースを辿ったといってよい。

なおケンペルは『江戸参府旅行日記』のなかで、大阪の時鐘の撞き方は二六時中二時間間隔で、夜間も暮六ツ（午後六時）の鐘のあとは、午後八時（戌）は太鼓、午後十時（亥）銅鑼、午後十二時（子）は鐘、午前二時（丑）太鼓、午前四時（寅）銅鑼、午前六時（卯）は明六ツの鐘といった夜間の時報があったことを記しているが、半刻（一時間）ごとに鉄棒《かなぼう》や竹割を引いて時刻を知らせることも大阪で行なわれていたようで、町人文化はそれなりに近代的時間感覚の上に形成されたのである。

町人文化の華といえば、近松門左衛門と井原西鶴がその代表だが、近松の曽根崎心中の道行《みちゆき》も、鐘の響きがいっそう哀れを誘い、人びとの心を把えた。

「此の世の名残り夜も名残り、死にに行く身を譬ふれば、あだしが原の道の霜、一足づつに消えてゆく、夢の夢こそ哀れなれ、（鐘の音一つ）あれ数ふれば（鐘の音）暁の、七つの時が六つ鳴りて（鐘の音）、残る一つが今生の、鐘の響きの聞きをさめ（鐘の音）、寂滅為楽と響くなり……」

醬油屋の手代徳兵衛と曽根崎新地の遊女おはつが、死の前にきいた鐘は七つ、午前四時の釣鐘町の時の鐘であった。ケンペルは午前四時の時報は銅鑼によったというが、真偽のほどはともかく、おはつ・徳兵衛の心中の道行には七つの鐘が寂滅為楽と響いていたのである。

江戸、大阪のほか、京都では下京の六角堂前の鐘が時報の鐘で、「京のへそ」といわれ古町《ふる》の中心となった。

盛岡では、慶安元年（一六四八）時鐘が破れたので、城下の鋳物師忠兵衛が自費で鋳直し献上した。しかし音が小さくて城下町に伝わらなかったので、慶安五年（一六五二）南部氏は時鐘を鋳造させているが、明暦三年（一六五七）この時鐘を町方へ与え、城中では太鼓を打つことにした（『藩法令集』九、盛岡藩上）。

岡山の城下町は、十七世紀中ごろ人口の増加によって町は膨張した。そこで寛文六年（一六六六）藩は栄町に時鐘をおき、鐘撞きには、ときや又右衛門と下男三人の給銀として、年々銀一貫目を藩が支給した（『市政提要』二八、鐘撞堂之事）。

高崎にあった時鐘は、鐘の撞き方によって火事の報知となったことが、『藩法令集』五、高崎藩、「鞘町火之見番人幷鐘撞之事」という資料に見えている。この鐘撞四人の給米が一年二十俵、鐘撞堂修復の節は手伝人足が惣町から出ることになっていた。ところが寛政三年（一七九一）九月二十九日、鐘撞人がうっかりして、明六ツ時を三分ほど遅刻して撞いてしまった。これが分かって御月番から咎めをうけ、鐘撞人には免職、五日間の投獄が申しつけられたが、その後罰金百文でゆるしてもらったという事件が起こっている。いまの時間で約二十分ほど遅れて撞いたために厳しく罰せられたわけで、時刻の管理が江戸時代においてすでにいかに厳格に行なわれていたかを示すものとして興味深い。

また和歌山県新宮市のような小さな町にも時鐘があった。現在新宮市内薬師町瑞泉寺にある梵鐘が新宮の時鐘であった。この鐘は元来寛永年間（一六二四―四四）、本町に住む小西氏が亡子の菩提をとむらうために鋳したものといわれるが、貞享二年（一六八五）第三代新宮城主水野土佐守重上の時代、時刻を知らせるためにこの鐘を打つことになった。時報のほか火事その他災害の警鐘としても利用されてきた（新宮市教育委員会「新宮市の文化」）。瑞泉寺から道ひとつ隔てたところにかつて遊廓があった。遊女の花代は瑞泉寺の時鐘を基準に決められていたというから面白い。

このように日本では城下町が形成される十七世紀初めから、城鐘および城鐘から分離独立した時鐘が出現し、十七世紀中ごろ以降、全国的規模で時鐘による時間システムがぱっと拡大してゆくのである。そして全国津々浦々鐘の鳴らないところはなかった。鐘こそまさに日本の時間文化のシンボルにほかならなかった。

ここで一つの興味深い話を紹介しておくと、一八五三年（嘉永六年）に来日したアメリカのペリーは、日本へ上陸して過ごした第一夜、夜間にあちこちから鳴りひびく鐘の音にしばしば眠りを覚まされた。その鐘の音がとくに印象的であったと記している。ペリーは最初それを警鐘か号鐘であると想像したらしい。ところが鐘は夜間ばかりでなく、昼間にも同じように打ち鳴らされるので、それが時刻を知らせる鐘であると知った、ということが、ハリスの『日本滞在記』（坂田精一訳、岩波文庫）の中に出ている。鐘の国日本は、時間の国でもあったのである。

**鐘の時刻と香時計**　ところで城鐘や時鐘が報じた時刻はどの程度正確であったのか。当時は不定時法の社会であったから、現代の基準で時刻の正確さを比較することは無意味であろう。しかし不定時法の社会でもそれなりの基準があって日の出、正午、日の入の時刻が決まっていたわけである。例えば日の出というのは、実際太陽を眼にする時刻のことではなく、場所によっては太陽がなかなか山かげから顔を出さないところがあるので、ふつう眼の前にかざした手の指が薄明かりで見えるようになる時刻といったように定義されている。といって、その日の天候によって薄明かりの明るさがちがうからやっかいである。だから天候その他自然条件に影響されない、一種の時計を用いていた。

例えば大阪の釣鐘屋敷は、鐘楼の側の座敷内に設けた一間四方の大きな香炉を使っていた。一種の火時計である。すなわち大香炉の中に樒《しきみ》の粉末香を一本の線で画いておき、線の端から点火すると、樒は火の回りがほぼ一定であるから、燃焼速度によって時刻点を決め、その時点ごとに子、丑、寅……と書いた香串を立てておく。火が香串まで回ってきたところで時刻を知ることができるというわけである。大阪の場合は、香串に火が回ると大きな鈴が鳴り落ちるという仕掛けになっていたようだ。のちには、舶来時計に工夫を加えた精巧な堺の和時計が用いられた（池田半兵衛「大阪町人のいのちをかけた『時の鐘』」、『大阪春秋』三四号）。

大阪のこうした計時法は、早くから江戸にならって時の鐘を撞いていた一心寺から習ったといわれるから、江戸でも最初は時香炉によっていたのであろう。しかしさきにのべたように日本で和時計が発明されると、和時計が時刻の測定に用いられるようになる。といって、和時計は高価でしかも時間調節など機械管理にかなりの知識と熟練を要するから、はじめは大名クラスでないともてなかった。だから城鐘の計時として、まず城内で用いられたであろう。櫓時計はこの種の時計として主として城内用としてつくられたものである。現在大阪岸和田城内の民俗博物館には、岸和田藩主岡部氏が使っていた家紋入りの櫓時計が展示されている。これは製作者の製作年と署名により一八五〇年代につくられたことが分かっている。

また小田原城天守閣資料展示室には、かつて城内で使っていたと思われる常香盤（別名香時計）一台、和時計二台が展示されている。常香盤はその大きさが一尺四方の香炉盤で、その原理は大阪の時香炉と同じである。そして道具をつかって型をつけ、点火をして燃やしてゆく。子、丑、寅と印をつけた香串を立てておき、香の燃え方で時刻を知るわけである。香の入れ方がコツであって、そのために香を入れる型、香のます、香を灰の中に押し込む板、櫛《くし》のような形をした灰ならし、といった道具がついている。また二台の和時計の一台は、元来櫓時計であったものを掛時計に改造したものであり、もう一台は二挺テンプの櫓時計である。これらの時計によって知った時刻を城内外に報時していたと思われる鐘楼が、現在堀端の裁判所の前に立っている。むかしは浜手口御門のところにあった。この鐘は貞享三年（一六八六）の御引渡記録の中に出てくるといわれるから、十七世紀後半には既に存在していた。

つまり城鐘、時鐘といっても、その撞きならす鐘の時刻は、なんらかの形で時計による客観的な時刻が根拠になっていたのである。このことは、寺の梵鐘が同時に時鐘をも兼ねていた農村についてもいえるのであって、寺はふつう常香盤を備え、それが文字どおり仏事の香盤であると同時に香時計の役目をも兼ねていたのである。例えば明和二年（一七六五）河内国石川村にあった大宝寺の「什物帳」には同寺所有の什物がいっさい残らずリストアップされている。その中に「常香盤壱組」があがっており、それによって同寺の境内にある鐘楼堂の釣鐘を「朝暮午時幷法用に相用」いてきたのであった（野村豊『河内石川村学術調査報告』）。

農村といえば、紀ノ川河口の加太の近く、現在和歌山市古屋《こや》に正立寺《しょうりゅうじ》という浄土真宗の寺がある。この寺には時報の基準にしていた尺時計と須弥山儀《しゅみせんぎ》が所蔵されている。かつて常香盤もあったらしいが現在は不明である。しかし驚くべきは同寺所蔵の須弥山儀で、その直径約八十センチ、台盤は木造、漆塗りに貝の象眼が施されている豪華なものである。四季、何月何日、何の刻といった表示が時計仕掛けで示され、太陽と月が須弥山・四州を回るようになっている精巧なものである。僻村の小さな寺が、こうした天文時計をもって時刻を測り、独自の暦も発行して、村民に配布していたというから、いささか感動を覚える。

この須弥山儀をつくったのは、実は幕末から明治初年に正立寺住職であった中谷桑南。桑南は西洋から伝来した地動説に反対するため、京都へ出て本願寺で天文・暦法を研究、佐田介石（一八一八―八二）とともに須弥山儀三台をつくった。現住職中谷真澄師の話では、そのうちの一台は加賀・前田侯の依頼で製作した豪華なものであったが、明治年間アメリカ人が所望したので売り渡し、現在アメリカの博物館（ボストン博物館?）に所蔵されているという。また第二台目は東本願寺の依頼で製作したが、惜しいことに火災にあって消失。現在同寺が所蔵しているのは第三台目であるとのこと。いずれにしても地方にあっても寺院の時間への関心はかなり高く、撞鐘の正確さへの努力を重ねていたことが分かる。

ともかく、香時計は日本の仏教文化の実にユニークな産物であり、和時計発明の文化的基盤をなすものである。

# 和時計をつくった人びと

**江戸時代の時計師**　元駐日アメリカ大使ライシャワー博士は、昭和五十七年七月、ＮＨＫテレビ「日本への自叙伝」のなかで、オランダ・ライデン博物館の和時計コレクションを前にして、日本が明治維新後急速に近代化・工業化に成功した背後には、江戸時代に世界でも例のない、ユニークな、しかも美術工芸的にすぐれたこれら和時計を発明した、日本人の優秀な知性と技術があったことを強調していた。

ライシャワー博士に指摘されて、はっと思った人も多いことと思う。というのは、日本人の多くは江戸時代に私たちの祖先が和時計を発明し、これを使っていたという事実さえ知らないからである。またたとえ知っているものでも、日本が明治初年、近代化・工業化にのり出したとき、それを時代遅れの代表として、また廃品として処分してしまったから、その歴史的意味について深く考え、注目するものはほとんどなかったからである。いま中国をはじめアジア諸国が近代化への苦悩の道を歩んでいる現状を顧みるとき、和時計をつくった日本文化に改めて人びとの関心が集まりつつあるのも当然であろう。

それでは、世界にも稀な和時計をつくったのはどんな人たちであったのか。

ヨーロッパでは初期の時計工たちは王室に抱えられることが多かった。例えば十六世紀のイギリスは時計製作において、フランスやドイツより遅れていたので、国王はそれぞれ外国の時計師を召し抱えていた。ヘンリー八世はナンサッチ宮殿の時計に細工をほどこしたいと考えたとき、フランスの時計師をつれてきたし、それとは別にニコラ・クラッツアというババリア人のお抱え時計師をもっていた。またエリザベス一世が抱えていた時計師はニコラ・ウルソウというフランス人で、ウルソウのつぎに時計師として指定されたのがバーソロミュー・ニューサムで、彼は女王のためにドイツ風に蓋に穴があいたウオッチをつくった。

こうした国王お抱えの時計師とは別に、民間の時計工がいたわけで、一六二二年の記録では、当時ロンドンに住むイギリス人時計工十六人、外国人とくにフランスからの移住時計工が約三十人いた。このうちイギリス人時計工はフランス移住時計工によって商売が妨げられていると訴え、一六三一年、「ロンドン時計工組合」の結成が国王から認められている。

こうしたヨーロッパの初期の事情は、江戸時代の時計師のあり方を考える場合一つの手がかりを与えてくれる。というのは、実は和時計をつくった日本の職人たちの全貌がまだよく分からないからである。確かに山口隆二氏らの研究によって時計師の活動の一端は明らかにされているが、それらの多くは、いずれも幕府や大名によって抱えられた時計師についての研究である。例えば尾張徳川家に仕えた津田助左衛門一家、津軽藩の九戸藤吉、江戸徳川家の広田利右衛門、大沼宗賢、山本勘右衛門、小林伝次郎など。

また長崎の幸野吉郎左衛門は、享保十四年（一七二九）将軍家の香箱時計を修繕して「御用時計師」になったものであるが、そのあとをついだ吉郎七も「宝暦十一年、御用官絃御時計幷ニ西ノ御丸御用鎖引御時計、丸形御時計御修覆」を仰せつけられ、将軍家の御用時計師をつとめた。三代目幸野繁次郎も明和八年（一七七一）、「角小形香合御時計、印籠形御時計、三重側時打香合御時計、角御時計」の四つの時計の修繕を仰せつかり、受用高銀三貫六二〇目で御用時計師となる。

こうして幸野氏は、初代吉郎左衛門から二代吉郎七、三代繁次郎、四代吉郎左衛門を経て、五代吉郎八に至った御用時計師の家系であったが、吉郎八のとき、彼は文政三年（一八二〇）、どうしたことか「乱心ニシテ、献上土圭《とけい》ヲ打崩」してしまった。そのために減俸に処せられ、幸野家は事実上その職を停止され、それに代わって、新しく時計細工人御幡栄三が召し抱えられることになった。

御幡家というのはどういう家系なのか。御幡家については長崎の郷土史家渡辺庫輔氏が、大小の文献資料はもとより、寺の過去帳から墓標にいたるまで克明に調査し、これを『長崎の時計師』（昭和二十七年）と題して、日本時計倶楽部からガリ版刷りで刊行した小冊子がある。

それによれば御幡家は十八世紀初めごろから、長崎奉行に御用銀細工人として取り立てられたらしい。しかし御幡家の一族は、銀細工だけではなく、しばしば時計をつくっては長崎奉行にこれを献上していた。例えば、「御献上、松浦和泉守様、中之御時計者、御幡栄蔵」と資料にあるのは、天明五年（一七八五）から天明七年（一七八七）まで長崎奉行をつとめた松浦和泉守に時計を贈った記録である。長崎奉行は二、三年の任期でたえず交替するが、奉行が替わるたびに御幡家は時計を献上している。松浦和泉守のほか、土屋紀伊守廉直（在任一八〇九―一三）、筒井和泉守政憲（在任一八一七―二一）にも献上しているが、献上時計は俸給を貰ってつくったものではないから、これは銀細工のほかに時計もつくれますというお上《かみ》への一種の宣伝用見本であった。その甲斐あってか、御幡栄三の代になると、御用時計師として徳川家に召し抱えられるほか、文政十一年には出島在住のオランダ人の時計を修繕する仕事を貰うことになる。

ちなみに、天保八年（一八三七）御幡栄三が出島の役人に提出した、オランダ人への時計販売代金および修繕代の請求書はつぎのようになっている。

上書

時斗（計）売込幷細工料代銀帖

一銀五百弐拾目　置時斗九ツ　細工料

一同弐百六拾目　同四ツ　細工料

一同六拾五匁　同四ツ　細工料

一同拾五匁　和細工置時斗壹ツ　細工料

一同七貫目　櫓時斗壹ツ代

一同九百目　鶏細工たいこ時斗壹ツ代

一同八拾五匁　袂時斗壹ツ　細工料

〆銀八貫八百四拾五匁

右之通御座候巳上

酉十二月　　　　御幡栄三印

ここで面白いのは、オランダ人のもっていた西洋置時計の修繕加工のほか、櫓時計、鶏細工たいこ時計をオランダ人に売っていることである。櫓時計一つの代金が実に銀七貫目。銀七貫目といえば、幸野吉郎左衛門が将軍家の御時計師として召し抱えられたときに貰ったのが五人扶持銀十貫目であったから、今日でいえば課長クラスのサラリーマンの年収をもってしてもまだ少々足りないと思えばよいだろう。相手がオランダ人といえば、かなり吹きかけて高い値段をつけたようだが、それにしても櫓時計は高価なもので、とうてい庶民のもてるものではなかった。

**からくりの技術**　このように将軍家や大名専属の特権的時計師がいたほかに、日本各地には御幡家をはじめ多数の独立の時計づくり職人がいた。山口隆二氏は、「和時計の製作は、海外との接触の多い土地、文化の中心地、あるいは鍛冶、鋳物等の盛んな土地、領主が時計に特別な関心をもっていた土地などが中心地」であったとのべているが、銀細工師、鍛冶師、鋳物師などと並んでからくりの技術もまた時計製作と大いに関係していたことは注目してよいかと思う。からくりというのは、外からは見えないように巧みに仕組まれた仕掛けで、人形や物を動かし、人をしばしあやかしの世界に引きずり込む遊びの機械である。

からくり人形は、古くは傀儡師《かいらいし》による大道での人形あやつりにその端を発するといわれるが、この操り人形をからくり人形にまで発展させたのは、寛文二年（一六六二）に大阪道頓堀で旗上げ興行した竹田近江のからくり一座であった。竹田近江はそれによって大いにもてはやされたが、その後芝居からくりもしだいに衰え借金が重なった末、彼が工夫をこらしてつくったのが「永代時計」であった。その時計は「下の台、けやきの厚さ五寸ばかり、幅二尺五寸、長さ五寸ばかり。車輪、大小九ツあり、大の輪さし渡し八尺ばかり、小の輪三尺ばかりその余の次第あり。おもり、四ケ所大小あり」というから、とてつもなく大きな時計であった。「右九ツの車自然にめぐり昼夜の時を打つことは常の時計のごとし」。しかもその輪が回るにつれて、春夏秋冬五星はもとより、冬至、夏至、彼岸、日月蝕にいたるまで、すべて昼夜の長短も見えるようになっていた。「毎朝おもりの緒をひけば百歳を経るといへり。誠に奇妙の大時計なり」と『明和雑記』に記されている。ともかく竹田近江は、本来、時計師であったのである。

吉田光邦氏によれば、見世物のからくりでもっとも古いのは、延宝五年（一六七七）刊の『出来斎京土産』にある「闘鶏からくり」である。闘鶏は時計であるから、からくりと時計との関連がこれでうかがわれるという。からくりは元来中国に発し、かの宋の蘇頌がつくった天文時計塔にも時間がくれば鐘が鳴る仕掛けになっていたことはさきにのべたが、それも一種のからくりである。しかし中国ではその後とくにからくりが発展した様子はない。清朝時計のからくりはヨーロッパのオートマの影響が強い。むしろ日本において、江戸時代に見世物やからくり人形、山車からくり、和時計などにおいて、からくりの技術が華麗な花をひらくのである。

江戸時代のからくりといえば、比較的よく知られているのが茶運《はこ》び人形であろう。人形の手に茶碗をのせてやると、ひとりでに動いて客の前まで運んでゆき、客が茶碗をとるとその場で止まる。客がお茶を飲んで茶碗を再び手にのせると、今度はくるっと向きを変えて元の位置まで帰ってゆく。井原西鶴が『独吟百韻』（一六七五年）のなかで、

茶を運ぶ人形の車はたらきて

と詠んだのはこの茶運び人形のことである。「ぜんまいの車細工にして、茶台もたせて、おもふかたへさし向へしに、目口のうごき、足取のはたらき、手をのべて腰をかゝむ、さながら人間のごとし」とは西鶴による自注である。「さながら人間のごとし」という表現には驚きと実感がこもっている。

竹田からくりや茶運び人形など、日本独自のからくり技術がいかに和時計における機械仕掛けと結びついていたか、それを明らかにしてくれるのが土佐の細川半蔵頼直の『機巧図彙』（一七九六年）である。「機巧」と書いてからくりと読ませる。

これは江戸時代に公刊された唯一の和時計製作の手引書であるといわれるように、本書の首巻には、掛時計、櫓時計、枕時計、尺時計の四種の時計をかかげ、その製作法を図解している（ただし枕時計は省いてある）。ついで上巻には、茶運人形、五段返《ごだんがえり》、連理返《れんりがえり》、下巻には、竜門滝《りゅうもんのたき》、鼓笛児童《こてきじどう》、揺盃《いようはい》、

闘鶏《とうけい》、魚釣《うおつり》人形、品玉《しなだま》人形といった九種のからくり人形のつくり方がでている。西洋時計には鋼のぜんまいが使われていたが、鋼がつくれなかった江戸時代では、それに代わるものとして鯨のひげの利用をすすめるなど、ふつうなら秘伝に属する技術が一般に公開された意義はきわめて大きかった。これによって一部の特権的なお抱え時計師とは別に、無名の、器用な素人があちこちで時計づくりを始めたであろう。比較的簡単につくれる掛時計や尺時計などは各地で多くつくられたと思われるが、その実態はよく分からない。

**日本のロボットの原点**　ともかく江戸時代には、からくりにみられる土着の技術を基盤にして、それに美術工芸的伝統が加わって、西欧世界以外では唯一の機械時計製作が国民的規模で根を下ろしたのであった。こうした日本土着のからくり技術の伝統から生まれた日本最高の時計師が、通称からくり儀右衛門、本名田中久重（一七九九―一八八一）である。

田中久重は久留米の産、鼈甲《べっこう》細工師の長男として生まれたが、幼時より機械いじりに天才的な才能を発揮、「からくり儀右衛門」とよばれていた。長じて京都に赴き、御所から御用時計師に与えられる近江大掾の称号を賜わり、「機巧堂」という店を構えた。彼は各種の機械や高級時計をつくったが、そのなかでも苦心の作といわれる須弥山儀と万年時計は有名である。

とくに嘉永四年（一八五一）の作といわれる万年時計は、現在上野の国立科学博物館に展示されているが、それは和時計の最高技術とヨーロッパの新しい時計と久重の天才的アイディアから生まれた傑作である。六角形の六面には、それぞれ時刻を示す洋式文字板、和式文字板、二十四節季の月日、七曜、干支（暦）、月のみちかけと日付が現われるようになっており、しかもその上部には日本地図が描かれていて、その上を太陽（赤球）と月（白球）の季節による運行が示されている。

なお彼は安政元年招かれて佐賀藩の精錬所に入り、船のボイラーや銃砲の製造に従事したりしたが、明治に入ると東京へ出て、明治八年（一八七五）、銀座に「田中製作所」を開く。これが実は日本における最初の民間機械工場であった。田中製作所はその後、三井に買収され芝浦製作所となり、現在の東芝になってゆく。

和時計の伝統技術は、近代日本の機械工業へ継承されていったばかりでなく、尾張徳川家に仕えた津田助左衛門一家の伝統は、明治時代の東京、名古屋における時計工業の発展へひきつがれてゆく。その時計工業はいまやスイス、アメリカを抑えて世界一の王座を占めるとともに、時計工業を育てた日本のからくりの伝統は、脈々として今日のメカトロニクス、ロボット産業の中に生き続けている。和時計こそ世界に冠たる日本のロボット・工場無人化の原点だといってよい。

約四百年前の津田助左衛門の技術は、名古屋を、からくり人形、山車からくりといったからくり文化のセンターに育て上げ、その伝統をうけついだ愛知県丹羽郡大口町には工作機械工場が立ち並び、いまやロボットの先端技術で世界の耳目を集めているのである。

**忘れ去られた和時計**　こんにち日本人の多くは、和時計といってもそれがどんなものであるかを知らない。東京上野の国立科学博物館、大名時計博物館、関西では近江神宮の時計記念館など、文字どおり博物館入りしてしまったために、博物館以外ではほとんど私たちの身辺で見る機会がない。時計は実用的な商品であるから、日常生活に役立たなくなれば棄てられるのが運命である。徳川時代の時刻制度に合うように工夫してつくられた和時計も、明治維新の文明開化で、明治六年一月一日以来西洋の時刻制度と暦法がとり入れられるや、まったく無用の長物となった。無用となれば、粗大ゴミとして処分されるか、二束三文で屑屋の手に渡るのがオチである。屑屋の手から多くは骨董商を経て外国へ流出した。こうして明治の初めには、古い日本を代表する文化財、たとえば浮世絵、大津絵、茶の道具、日本刀、根付など書画骨董とともに、和時計もヨーロッパやアメリカのバイヤーの所有に帰した。その結果、和時計はほとんど日本から姿を消してしまった。

維新後の日本は西欧流の近代化をめざしてしゃにむに突っ走った。日本にとって近代化とはまず過去の歴史と文化を否定することであった。きれいさっぱりと否定され放棄された、もっとも代表的なものが、古い時刻制度と暦法で、曲がりなりにも実用的役割を果たしてきた和時計も同じ運命を辿った。こうして日本は非ヨーロッパ世界では例外的な近代化に成功し、工業化への道を歩んだ。そして長い間和時計という素晴しい知性と芸術の作品があったことを忘れてしまった。

そうした状況のなかで、日本の時計が世界時計史のなかでも世にも稀な逸品であることを発見したのは外国人であった。イギリスの時計文献の古典中の古典といわれるブリテンの『古時計とその製作者』は明治三十二年（一八九九）に出版されたものだが、その時計発達史の叙述のなかに、すでにわずかではあるが和時計について説明されている。またアメリカでは、ニューヨーク大学のジェイムズ・アーサー・コレクションとその管理者であったD・W・ヘリングの和時計への関心を逸することはできないだろうが、なんといっても和時計についての本格的研究によって和時計のもつ世界史的意義を発見したのはJ・D・ロバートソンである。

ロバートソンはフランス人ブランションのコレクションと研究を受けつぎ、和時計のコレクターとしてまた研究家として知られるようになった人である。その著『クロックワークの発展過程』（一九三一年）には、世界で初めてともいうべき和時計研究の成果が要領よくまとめられ、「日本の時計」と題して収録されている。彼はいう、「和時計は従来あまり関心のもたれることのなかったものの一つである。しかし日本の古い時刻制度と、とくに近世の芸術の代表としての日本の時計という二つの視点から考察するならば、きわめて有益な研究である」。しかし和時計は明治の改暦後海外に流出して日本にはほとんどなくなってしまったことを指摘し、さらに「現在の日本の文化は、これら改暦前の遺物の存在に気づかないように見受けられる」と嘆いていた。

外国人のコレクションといえば、戦前神戸に在住していたインド系イギリス人モーディーが蒐集した和時計のコレクションは質量とも世界一といわれるもので、その図版が、N・H・N・モーディー編『日本時計彙集』（英語名 Japanese Clocks）として一九六七年に出版されている。収録されている図版は一三五点、各種和時計の数は一五〇点を上回る膨大なものである。英文と和文で、「時間測定法」「日本暦」「日本時計」の解説を施しているが、ロバートソンと同じくモーディーは、「日本の時計は時代も古く種類も多く、美術的にも機械的にも価値たかきものであるが、その割に世人の注意や鑑賞をうけていない。明治の初期、日本人は欧州文明の取入れに熱心なあまり、舶来品とさえいえば、品の善悪を問わず何でも採用した。果ては自国の美術を軽視するにさえ至ったものである。彼らはやがて自国の技芸美術に背くことの非を悟ったが、ときすでに晩《おそ》く、欧米の蒐集家や商人たちは既に尠からぬ美術品を買占めてしまっていた。時計もその一つである」と日本のために残念がっていた。

外国人に指摘され、初めて事の重大さを知ったというわけではなく、日本人のなかにも和時計の蒐集家がいなかったのではない。先駆的なところでは、大正時代の高林兵衛がそれである。彼は日本における最初の時計蒐集家として知られるとともに、彼の『時計発達史』（大正十三年）は従来顧みられなかった和時計を、日本人の手で初めて研究の対象にとり上げたもので高く評価されてよい。ロバートソンの和時計の研究もむしろ高林の著書に負うところ少なくない。

高林につづき、和時計の蒐集家が何人か現われた。山口隆二氏の『日本の時計』（昭和十七年）によれば、第二次大戦前には日本人のコレクションとしては富家礼恩、板倉賛治、上口作次郎、前田栄市、近藤猶のコレクションがあがっていて、日本人も遅まきながら散逸した時計の蒐集に努めていたことが分かる。しかし山口氏も指摘していたように、これらのコレクションは公開されていないものが多く（ただし現在は一部公開されている）、和時計はその多くが個人の私蔵になってしまった。私蔵化を運命づけられた和時計は、学問の対象としてではなく、アンティーク商品として投機の対象となり、好事家の間でのみもてはやされることとなる。もとより和時計の研究家のすべてが好事家であったわけではなく、なかには山口隆二氏のようなアカデミックな研究者もいて、時計学、時計史研究の促進に大いに貢献したことは事実である。しかし戦後の日本史研究の著しい進歩にもかかわらず、果たしてどれだけ日本のユニークな時計および時計の示す時間が人びとの生活との関連でとり上げられてきただろうか。

和時計といわれるものはさきにものべたように、いくつかの種類がある。しかしそれは機械時計の一種である。機械時計である以上、機械の技術史として位置づける必要があることはいうまでもないが、それはまた時間を測定する機械である以上、それが人びとの生活におけるどのような時間と関係していたかが問われねばならない。ライシャワー博士は日本の近代化の背景に、和時計を発明した日本人の才能と知性があったことを指摘したが、その時計が江戸時代のどういう階層の生活に役立っていたというのだろうか。

私は「近代化」という概念のなかには、時間の近代化というか、時間に縛られた労働、時間に支配された生活が一般化することが含まれていると思う。とすれば、和時計はどういう生活上の必要のために生まれたのであろうか。和時計とは江戸時代の人びとの生活にとって何であったのだろうか。

# 江戸時代の暮らしと時間

**時間のある生活**　日本では決められた会合時間に人が集まらないことがよくある。そんなとき、なかば自嘲の気持ちをこめて、その地方の名前を冠して「〇〇時間だから」といった言い方をする。だからわれわれ日本人は伝統的に時間感覚がルーズであると思っている。ほんとうに日本人はむかしから時間的にルーズな国民なのだろうか。というのは、時間的にルーズな面があることは事実だが、一方では日本は鉄道やラジオ・テレビなどが分秒単位の正確さで運営されている、世界でも稀なパンクチュアルな国であることも周知の事実だがらである。この一見矛盾した日本人の時間感覚をどう考えたらよいのか。まず江戸時代について、時鐘と和時計というハードの文化に対するソフトとしての時間文化について考えてみよう。

中世の貴族の日記、例えば『中右記』『御室御所覚法法親王高野山参籠日記』とか『兵範記』といった記録をみると、しばしば何の刻にどうしたという記載が眼につく。そうした表現は『平家物語』や『太平記』にも出てくる。いま『太平記』の後醍醐天皇崩御のところを引用すると、「左ノ御手ニ法華経ノ五巻ヲ持セ給、右ノ御手ニハ御釼ヲ按テ、（延元四年）八月十六日ノ丑剋ニ、遂ニ崩御成ニケリ」とある。

日記は書き手の個性によって文体が異なるのが特徴であるが、それでも一定の書式があって、天候から始め、一日の行動、来客、とくに変わった出来事など時間の順序を追って記録されるのがふつうである。だから日記には、早くから時刻の記載が現われるのは当然であるが、それがとくに公的記録でないかぎり、ふつうは「朝」とか「早旦ニ」といった表現でよいはずである。

十六世紀中ごろ以降、近世文書に農民がどのような形で記録を残していたかは興味のあるところだが、例えば『和歌山市史』（第六巻）に和歌山県名草郡岩橋村の豪農による日常生活・農業生産・商業活動を記した『祖竹志』なる資料が掲載されている。それは天正十九年（一五九一）から享保十五年（一七三〇）までの時代をカヴァしているが、その一部を参考までに引用すると、

一　文禄三甲午年六月廿六日巳ノ刻、甚右衛門様誕生ノ由
一　天正拾九辛卯年十二月十一日卯ノ刻、母者人様誕生之由
……
一　万治二己亥年十一月十六日卯刻、吉松誕生仕候……
万治三庚子年四月五日午ノ刻ニ食喰初仕候。百三十七日めのくいそめ
……
一　寛永十八辛巳年、八月十七日寅刻ゟ鷺森御堂之鐘鋳申候、明十八日辰ノ刻にい（鋳）たて、かねの口の広サ四尺壱寸、高七尺壱寸、おもめ七百五拾貫め程也、皆銭にてゐ申候、古銭とて昔銭ニて、元通くによしとらの尾なと云銭也、親父も古銭壱貫文出し被申候、同九月十六日ニしゅろう（鐘楼）堂へ、つりあけ申候
……

一　寛永拾八辛巳年、極月卅日之酉之下刻ゟ明ル正月朔日卯ノ刻迄、大雪壱尺平地つミ申候、十
四年以前午ノ年からの大雪ニて御座候、日本国同断と云

といった調子である。誕生日をたんに天正十九年（一五九一）十二月十一日といえばすむものを、わざわざ卯ノ刻という時刻を記載しているのはどういうわけであろうか。キリスト教の世界では、妊娠したときの星座、誕生日の時間によって運勢が決まるという伝承があって、中世の時代、結婚の初夜には寝室の壁に鏡をかけ、窓を通して鏡にうつる星座をみて交わるという習慣があった。そして誕生日も、十六世紀初めごろのドイツ・アウグスブルクの一市民による記録ではつぎのように記されている。

「わが息子ベルヒトルド、一五二九年一月十一日、月曜日、午後二時十五分に誕生。前日新月が九時間二分雄羊座にあった」

これを『祖竹志』の誕生の記録と比較すると、星座の記載はないが、誕生日の時間を記したところは共通している。それでは日本の庶民の間で誕生日の時刻はどういう意味をもっていたのだろうか。中世ヨーロッパでは神が時間を創造し、神が時間を支配していたが、日本における時間意識は果たして道教、仏教、その他民間信仰とどのような関係をもっていたのだろうか。

それにしても誰に命令されたわけでもないのに、農村の一小地主が近世の初めからきちんと時間を意識して日々の記録をつけていたことは、ヨーロッパ史を学んでいるものの眼からみると驚きである。

例えば十六、七世紀イギリス史の資料のなかに、農村生活を丹念に記録した農民の日記があるかどうか。私は長年イギリス経済史を研究してきたけれども、いままで一度もそうした資料におめにかかったことはない。いま仮にあったとしても、果たして十六世紀農村において日本の農民ほど時間を意識的に記録していただろうか。『祖竹志』はたまたま手もとにあった資料の一つにすぎない。このような資料は日本全国いたるところに数限りなく存在しているのである。日本人は時間にルーズであるどころか、世界でも珍しいくらい早くから時間に関心をもっていた。

**農民の時間**　『和歌山県史』（近世資料四）に収められている資料のひとつに「萱野家文書」がある。萱野家は大坂陣後、高野山領農村の清水村に移住した大庄屋である。『県史』からその「公用留日記」の宝暦十三年（一七六三）のくだりを引用すると、

「一月廿九日晴天
一　正覚院様五ッ半時（午前九時）ニ御下向被遊御宿ニ而御指上之候而　四ッ過ニ（午前十時過ぎ）御機嫌能御出立被遊候、組中庄屋役人恒例之通リ船場迄御供仕孫四郎も川ゟ御暇申上罷帰リ候事
……
三月十八日雨天
一　九ッ過（午後十二時過ぎ）京都ゟ　康徳院様御帰リ被遊候、御中飯差上八ッ半（午後三時）ゟ西畑村ニ音淳房保養ニ而候故、彼ノ村へ御越被遊候……」

こうした記録をみるかぎり、曽良が『旅日記』の中で、旅先の行動を時刻によって丹念に記録していたことは決して例外に属することではなく、当時としてはごくふつうのことであったことが分かる。しかも興味深いことは、梵鐘や時鐘が急速に全国的に増大する十七世紀後半以降、時刻に言及した資料が増えることである。

それでは萱野家とか曽良といった庄屋や武士階級・知識人の間でだけ時間意識が進んでいたかというと、一般農民も同じく決められた時間によって組織的に行動していたことは注目すべきである。

例えば高野山興山寺（現在の金剛峯寺）へ詰める人足を約束の日時に調達する庄屋の文書があるが、その約束の時間というのが朝五ツ時（午前八時）、その時間に間にあうためには、山道で四、五里、麓《ふもと》の村を夜のうちに出発せねばならない。だから「少々夜の辺りより罷り出て、翌三日正五ツ時迄に相詰めるよう入念に申し渡します」とあって、午前八時と決められたら必ずその時間を守るよう努めたことが分かる。また「遅参なく相詰めるよう申し渡します」という表現がしばしば出てくる。人足に狩り出される農民たちは、今日のように各人の家庭に時計があったわけでないから、命令された時刻に遅れないようとくに気を配ったであろう。時間の勘だけが頼りで山の夜道を登ってゆく農民は、いや応なしに時間感覚を鍛えられたであろう。

農民にとって、とくに時間が死活問題であったのは用水問題である。例えば大阪・枚方市にある山田池の水は、甲斐田村、田口村、片鉾村の三カ村で利用していた。水が豊富にあるときは別段争いは起こらない。ところがある年、田口村のものが自分勝手に水を引いたために争いとなり、奉行へ提訴した結果、池水を取る順序と時間割り当てについてつぎのような裁定が出された。

「甲斐田村――卯ノ時から未ノ時まで（午前六時―午後四時まで）五ツ時（十時間）。片鉾村――中・西（午後四時―八時）の二ツ時（四時間）。田口村――戌ノ時から寅ノ時まで（午後八時―午前六時まで）五ツ時（十時間）」

それにもかかわらず寛文八年（一六六八）八月二日、田口村のものがこの順序を破って一番に水を抜いたことから、水争いが喧嘩に発展、けが人が出る有様。そこで各村から奉行へ相手を訴える訴訟が出され、水争いが険悪になったことが『枚方市史』（第八巻）に出ているが、実際問題として水の問題は時間の問題に外ならなかったのである。

ヨーロッパでは神の時間が共同体のものになり、比較的早く共同体の時間が個人の時間になってゆく。しかし水田農業を基礎とする日本の農村社会では、共同体的時間が生産や人びとの生活を強く支配した。それがために徳川社会は時間による秩序的生活が、われわれの想像以上によく保たれていたと考えてよい。時間的秩序と組織に関するかぎり、一種の市民社会が成立していたのである。

そのことは各藩の法令からも伺える。鳥取藩では女性の夜のひとり歩きは、暮六ツ時（午後六時）までと限られていた。しかし享保十七年（一七三二）九月八日の御法度では、今後は「惣門外は供なし女歩行夜五ツ時（午後八時）迄御免候。惣門内は先達て相触候通り暮六ツ時限べし」と改められたが、比較的治安がよかったこと、および時間的秩序がよく保たれていたことが分かる。

時間的秩序がよく保たれていたといっても、多くの人間のなかには、時間を守らないものや時間どおり仕事をしないもの、その他秩序を破るものがいたことは否定できない。そんなときはどうしたか。

鳥取藩の寛政七年（一七九五）九月二十四日の御法度によれば、職人・日雇いの勤務時間を明六時（午前六時）から暮六時（午後六時）と通達してあったのに、「近来猥ニ相成遅参之者共モ有之様相聞、不埒之事ニ候」というわけで、遅れたりさぼったりしたものがあれば、賃銀は時間で割り出して与えておき、あとでその名前を申し出られたし、と命じている。

イギリスでは、さきにも「徒弟法」でみたように、職人・日雇いの賃銀は一時間さぼれば一ペンス差し引くという、きわめて厳しい罰則がついていたが、日本では鳥取藩の法令のように比較的温情主義がとられていたようだ。イギリスでは労働者は強制されなければ怠けるものであるという前提の上に立って、一時間さぼればいくら賃銀をカットするという規定が必ず設けられているが、日本の賃銀規定のなかにそうした怠業に対していくら賃銀をカットするという規定はない。怠業者の処分は、集団の責任として行なわれるのが建前である。集団にしばしば迷惑をかけるものは、その集団の一員から排除される村八分の扱いをうけるか、自らその集団から逃げ出さざるをえなくなる。そのことは自ら生活の道を断つことを意味するのである。

**商人の時間**　江戸時代の農民や庶民は一応時間による秩序的生活を送っていたといっても、それは上から強制された共同体的時間規制であって、果たして時間が自らの主体的行動とどう結びついていたのか。時間の節約が貨幣の節約となり、それが資本蓄積を促す契機になったのかどうか。「時は金なり」の観念が早くから発展したヨーロッパと比べ、日本の商人階級の間で時間観念はどのような展開を示していたのだろうか。

西川如見の『町人嚢』には、町人の守るべき行動規範がこと細かに記されている。また三井高房の『町人考見録』には、金持の商人がどのようにして財産を潰したか、多くの商人の事例をあげて戒めとしている。とくに奢侈ぜいたくと大名貸しで潰れたと戒めているが、当時の奢侈ぜいたくの典型であった茶の湯に凝ってはいけないという戒めは『町人嚢』でも指摘されている。しかしここでは彼らがどのようにして金持になったかという成功譚は記されていない。

そうした成功譚を描いたものといえば、井原西鶴の『日本永代蔵』をあげることができよう。『日本永代蔵』は全篇三十章、そのうち致富成功譚が二十章、あとの十章は倒産失敗譚である。それでは成功の要因として何があげられているかといえば、才覚、知恵、工夫、利発、分別、思案といった頭脳の働きが重要視され、その他の要素として正直、始末、信心、勤勉、堅固、律義などの徳が説かれている。しかしそこに描かれた致富の方法は、ひと口でいうと「前期的資本」のそれである。つまり商略、欺瞞、かけひき、腹芸、押売などの手段によって、流通過程から利潤を獲得する金儲けであって、近代的・合理的な資本の営みによるものでなかったといってよい。

ヨーロッパでは近代的・合理的資本の成立の背後に、時間が利子を生むという「タイム・イズ・マニー」の思想があった。そういう意味での時間観念が、果たして江戸時代の町人階級の中にあったのかどうか。その点で興味のあるのは商家の「家訓」である。

商家の「家訓」は数多くあるが、そのなかで時間のことにふれたものといえば、寸暇を惜しんで勤勉に働くこと、すなわち勤勉の徳と長時間労働を勧めたものが多い。例えば博多の豪商島井宗室が、慶長十五年（一六一〇）養嗣子に送った遺言「生中心得身持可レ致二分別一事」は「家訓」の代表とされているものであるが、そのなかに、

「一　朝は早々起候て、暮候ば則ふせり候へ。させらぬ仕事もなきにあぶらをついやし候事不レ入事候。用もなきに夜あるき、人の所へ長居候事、夜るひるともに無用候。第一、さしたてたる用は、一刻ものばし候はで調候へ。後に調候ずる、明日可レ仕と、存候事、不レ謂事候。時刻不レ移可レ調事」

とある。つまり早寝早起き、やりかけた仕事は後にのばさないで、時間を無駄に使わず仕上げてしまう方がよろしい、というわけである。

勤勉精神の鼓舞は、「早起きすべし」「早起き三文の得」「朝寝八石の損」といった「家訓」になるが、早起きを奨励した外村与左衛門家の「改正規則書」には、「朝早ク起キ其日ノ商法上銘々相考可申候」として、一年の起床・出勤時間を冬（十一月—二月末）は午前七時、夏（五月—七月末）は午前

五時、その他は午前六時と定めていた。また住友家では、別子銅山の家法書と同時に、享保六年（一七二一）長崎店に対し十五ケ条から成る家訓を定めたが、そのなかで「店は朝六ツ時（午前六時）に開き、夜は四ツ時（午後十時）に錠をおろし、門限を厳守させるように」した。門限時間の厳守は、藩庁の城門の開閉・藩士の登庁時間の規定と対比されるべきものである。

さらに「閑暇ノ時ニハ空シク座シテ不景気ノ体ヲ示サンヨリハ、ムシロ已ニ一目吟味ヲ遂テ置キタル商品ヲ取出シテ其ノ分量ヲ再改シ、其ノ寸法ヲ再検スベシ」と、ひまな時間の費やしかたに細かく注意を与えているのは、京都の中山庄三郎家の「商人の教則」である。

ともかく寸暇を惜しんで勤勉に働くことが、商家の従業員にとっての基本的行動規準であることは誰しも否定しないであろう。しかし商人にとって大切なことは、お客からの注文品をきちんと約束の時間に納入することとか、米切手の期限、支払いの約束など、商《あきな》いにとって時間の要素は無関係どころか、ある意味では本質的な意味をもっているはずである。そういう意味では、約束の時間を守ることが信用につながるのであるから、従業員に時間を守らせることが経営者の大切な心得であるといった家訓があってよいはずであるが、そういった家訓は見当たらないし、そのためには個々の商家に時間管理のための何らかの時計があってもよいはずであるのに、時計のことはほとんど資料に出てこない。遊女の世界では労働時間を線香時計で測ったことはよく知られている。商人の社会でも少なくとも尺時計ぐらいはあっても不思議ではないが、それに関する資料が乏しいところから判断すると、日本の時間はヨーロッパのようにブルジョワの時間として発展せず、封建領主の強制する「上からの」共同体的時間にとどまったように思われる。だから日本では「時間」の思想は発展をみなかった。
ただ共同体的時間規律は明治初期の近代機械工場の労働者に受けつがれ、比較的スムーズに集団として工場規律に適応できた。そのことは厳密な時間システムで運営される近代的運輸機関である鉄道についてもいえる。ところが、これに対して個人の時間については、明治末年になっても、なお時間をどのように費やすべきか、という時間の倫理やまた時間の社会的ルールも確立していなかったのである。

**時間は共同体のもの**　明治四十四年、蘆川忠雄の『時間の経済』(至誠堂)という一書が出版された。この書は日本人がいかに時間観念が乏しいかを嘆くとともに、時間の経済が金銭以上に大切であるとして、時間を実際に有効に使う時間の活用法を、アメリカ社会をモデルとして説いたものである。
「我が日本人に共通の欠点として認めらるるものは、時間に対する観念の幼稚なるにあらずや」とし、日本人は「平生に於て時間は尤も貴重なり、尤も巧妙に活用を期せざるべからずと公言する人々すらも、其実際に就て見れば、時間に対しては、殆ど之を没却するもの世其人に乏しからず」。例えばしばしば他人と約束しながら、これを実行するつもりはなく、口実の上に口実を重ね、いつまでも引き延ばしうやむやに葬り去る人が少なくない。これを俗に「紺屋《こうや》の明後日」というが、こんなことでは到底信用がえられないし、激しい生存競争を生きてゆけない。「是れといふも、時間の経済なる念慮が自己の頭脳に存せざるが為め也、苟くも時間の経済に注意すること厘毛の微も節倹を守るが如くに、寸陰を惜んで止まざるの勉強家にありては、断じて斯かる迂濶愚昧なる行為を演ずること能はざる也」。なに事をするについても、約束を重んずることはもちろん、時間を標準にして事を決めるようにすべきである。「時間は即ち是れ金銭、否、時間其物が人生」である。アメリカでは、したがって一分一秒といえども無駄に使わない。他人と会見を約束したときに、何月何日何時何分といえば、ほとんどその時刻どおりに相互とも会見をなし、もしその時間を経過することがあれば、破約者とみなして取り合わないのである。このように蘆川忠雄はのべていた。

つまり明治末年になっても、日本人は時間意識がルーズで、「タイム・イズ・マニー」の近代的時間感覚に欠けていたことは、蘆川忠雄のいうとおりであろう。それは時間がまだ個人の所有になっていなかったためである。日本では江戸時代をつうじて長い間、時間は共同体のものであった。共同体のものであっても、時間は共同体を支配していた領主層によって管理されていた。その限りでは時間は共同体的集団行動を秩序的・組織的にしたが、共同体から自由な時間の個人所有への発展は遅れた。

夏目漱石の『虞美人草』は、蘆川忠雄の『時間の経済』とほぼ同じ明治四十年に書かれた。その小説には二つの時計が出てくる。一つは、小野さんが天皇陛下から貰った恩賜の銀時計である。もう一つは、藤尾が子供のときからおもちゃにしてきた時計で、これはロンドンでおじさんが買った金時計で、くさりに柘榴石《ガーネット》がついている。

小野さんと浅井君が時計をめぐって会話をしている部分は、小説ではつぎのようになっている。

「時に何時かな、君一寸時計を見てくれ」

「二時十六分だ」

「二時十六分？——それが例の恩賜の時計か」

「あゝ」

「旨い事をしたなあ。僕も貰つて置けばよかつた。かう云ふものを持つてゐると世間の受が大分違ふな」

「さう云ふ事もあるまい」

「いやある。何しろ天皇陛下が保証して下さつたんだから慥だ」

ところで東京帝大の優秀な卒業生に天皇が大学に出向いて「銀時計」を賜わったのが明治三十二年七月からで、『虞美人草』が書かれた当時は、「銀時計」は帝国大学出身の秀才のステイタス・シンボルになっていた。この時計はアメリカ・ウオルサム社製の懐中時計で、ケースの裏に「恩賜」という字が刻まれていた。

もう一つの藤尾がもっていた金時計。これはくさりのついた懐中時計だが、どこの製品かよく分からない。しかし明治三十年代ではチョッキのポケットに金時計をしのばせ、おもむろに身を反らして時計をとり出すのが、金持の粋《いき》な風俗であった。

こうしてみると、懐中時計をつうじて時間が個人のものになってゆく過程は、明治四十年ごろでもなおウオッチは一部金持や知識人のステイタス・シンボルにとどまっていて、個人が時間を標準にして生活を秩序的・組織的に営む段階に達していなかったことが分かる。

# ガリヴァの懐中時計——航海と時計

## 小人を驚かせた時計

『ガリヴァ旅行記』は子供の夢とロマンをかきたてる読物で、原書を読んだことがなくても、絵本や冒険物語の類《たぐい》で誰でも一度は読んだ物語である。ガリヴァが最初に訪れたのが小人の国。その小人たちが、難破船から命からがら海岸に辿りついたガリヴァに対して、持ち物をいちいち検査して皇帝に報告するくだりがある。小人国《リリパット》のものには何もかも珍しいものばかりだったが、そのなかでもいちばん驚嘆したのがピストルと懐中時計《ウォッチ》であった。皇帝への報告には、懐中時計についてつぎのように記されていた。

「チョッキのポケットから大きな銀の鎖が垂れ下って、その末端には驚くべき機械がついております。その男はこの機械をわれわれの耳許に近づけたのですが、それは水車のようにたえず音を響かせていました。それはどうやらわれわれには未知の動物か、それとも彼らが礼拝する神なのでしょうか。どうも彼らの神のように思われます。といいますのは、彼らの日常の行動がすべてこの機械が示す時によって指示されていると語っているからです」

こうして皇帝の前へ連れ出されたガリヴァは、時計をとり出して皇帝に見せることになるわけだが、たえず音がしているのと、分針が動く不思議さに皇帝は驚嘆したのであった。

ところでジョナサン・スウィフト（一六六七―一七四五）が『ガリヴァ旅行記』を書いたのは、一七一五年ごろから約十年の間、出版されたのは一七二六年であった。『ガリヴァ旅行記』は十八世紀に流行った「空想旅行」の一つだが、旅行の日付だけは西暦によってはっきり記されている。即ち一六九九年五月四日、イギリスの西岸の港ブリストルを出帆し、南洋の海域で座礁・難破したのがその年の十一月五日、小人国に辿りつきそこで滞留すること九カ月と十三日、そこを離れたのが一七〇一年九月二十四日午前六時ということになっている。それによって読者の心を一七〇〇年ごろのイギリスへとさまざまな想像をかきたててくれる。そのなかで私が注目するのは、ガリヴァが携えていた懐中時計《ウォッチ》である。どうしてガリヴァは未知の国への航海にウオッチを携えていったのか。未開人に珍しい最先端の文明の利器を誇示するためなのか。それとも何か実用的な機能のためなのか。つまり当時の遠洋航海にとって時計はどんな意味をもっていたのだろうか。私がガリヴァの時計に注目するのも、実はこの点なのである。

**海上制覇の決め手**　一四九二年コロンブスが新大陸を、ついで一四九八年にはヴァスコ・ダ・ガマが東洋への新航路を発見して以後、ヨーロッパ史の舞台は広大な未知の海上へ移った。新大陸で発見された豊富な金・銀、タバコやジャガイモをはじめとする珍貴な嗜好品・食料、東洋の絹・香料・綿・茶など東洋文化のかずかず、それらを確保するものに莫大な富を保証した。その莫大な富を保証したのは海上の支配権である。海を支配するものが世界を支配するという構図が形成されたのは、近世初めのことである。

こうしてまず十六世紀の世界を支配したのは、新大陸を発見したスペイン、および東洋への海上ルートを掌中に収めたポルトガルであった。ところが十七世紀になると、世界史の舞台に登場したのはオランダとイギリスである。両者はスペイン・ポルトガルに代わって覇権をめぐって激しく争い、十七世紀末にはルイ絶対王権を背景にフランスが一枚加わって、海上の覇権争いはいっそう熾烈となった。

十七世紀初めから十八世紀中ごろにいたる時代は、経済史上これを重商主義時代とよんでいるが、重商主義という表現からくる平和な商業競争のイメージとはまったく異なり、オランダ、イギリス、フランス、スペインを中心に周辺諸国もまきこんで、世界商業の覇権をめぐって戦争につぐ戦争、海戦また海戦といった動乱の時代を迎えた。

海上制覇を左右した要因はいくつかある。まず決め手になるのは、軍事力としての強力な海軍の保有である。だから各国とも軍艦の数、大きさ、備砲数、大砲の性能、造船技術に力を入れたことはいうまでもない。しかしこうした軍事力とは直接結びつかないまでも、各国とも解決を迫られていた共通の課題があった。しかもその解決が海上制覇にとって、ある意味で決め手になるような重要な課題を抱えていたのである。その難題というのは正確な経度の測定である。というのは、正確な経度が測定できなければ船の位置を知ることができず、いわば眼の不自由な人が勘だけに頼って自動車を運転するようなものだからである。そのために、ガリヴァが南洋で座礁したような海難事故は、今日では考えられないくらい頻繁に起こっていた。それがもし軍艦であるなら、敵以上にこわいのは海難による自滅である。その心配されていたことが実際に起こったのである。

一七〇七年、サー・クラウズレー・ショーヴェルのひきいるイギリス地中海艦隊は、スペインから占領したジブラルタルの基地を発って帰国の途上、十一月二十二日の夜、西の強風のなか英仏海峡を通過中、針路を過ってシーリー群島にのり上げた。このため軍艦四隻が沈没、指揮官および二千人の乗員が死亡、イギリス史上最大の海難事故となった。ときあたかもスペイン王位継承戦争（一七〇一—一三年）のさなかで、フランス、スペインを相手に天下分け目の戦争を戦っていたイギリスにとって、この軍艦の海難はとくに強いショックを与えた。しかもその海難の原因が、正確な経度測定ができなかったからであると結論されたことは、経度測定問題に対する人びとの関心をいっそう高めることになった。

スペインのフィリップ三世は、すでに一五九八年、経度測定法の発見者に一千ダカットの報償金と二千ダカットの終身年金を提供するとして、経度測定法の発見に熱を入れていたが、オランダもまた十七世紀初め、一千—三万ギルダーの報償金を用意して、この問題の解決を待望していた。しかし何といってももっとも熱心であったのは、フランスとイギリスの両大国である。

イギリス政府は一七〇七年の未曽有の海難事故にも刺激され、スペイン王位継承戦争の終わった翌一七一四年、正確な経度測定法を考案したものに賞金を出すという案を国会に提出し、それが承認された。その賞の条件として、イギリス—西インド間の航海で、経度一度以内の正確さをもつ計時器の発明に対しては一万ポンドの賞金、同じく四〇分以内ならば一万五千ポンド、三〇分以内ならば二万ポンドという、当時としては破格の賞金をかけたのである。もう少し時間単位で分かりやすくいうと、イギリス—西インド間の航海に約二カ月かかるとすると、経度一度は時間にして四分、したがって航海の間に二分以上の進みも遅れも許されないということである。

一方、フランスでもイギリスに負けじと、翌一七一五年一万リーブルの報償金を設定した。ともかく十八世紀最大の課題の一つが、経度測定の方法を誰が最初に解決するかに集まっていた。その課題に対して、当時の最先端技術を代表する時計師、とりわけイギリスとフランスの時計師が国威をかけて、技術開発競争にしのぎを削っていたのである。

十七世紀初め、当時世界最高の天文学者、科学者として有名なガリレオが、スペイン政府の報償金をあてこんで、この課題に挑戦したが失敗、彼は後年、再びオランダ政府にも私案を提供しているが、やはり成功に至らなかった。

**経度測定の困難さ**　経度の測定にどうして時計が必要なのか。私は航海術の専門的知識に乏しいが、航海に正確な時計を必要とするに至った事情は、ほぼつぎのような背景があったと考えてよいだろう。

航海術の最大の眼目の一つは、自分の船が現在地球上のどの地点にいるかという位置の確認である。それはふつう緯度と経度で表わされるが、まず緯度を何によって定めたかというと、昼間は太陽の高さ、夜間は星の高さを観測して、南または北の位置（緯度）を定めた。ところが東または西の位置（経度）を見定めることは不可能であった。ただ羅針盤のコースに従って、東、西へと船を進めることは可能であった。正確な位置を決定できなかった以上、いわばあてずっぽうで航海していたといってよい。

もっとも緯度の測定は比較的簡単にできるといっても、コロンブスでさえ、第一回航海で発見したバハマ諸島の位置を、緯度にして二〇度以上も間違えて計算していたといわれるから、それとても決して容易ではなかった。コロンブスのアメリカ発見以来、ヨーロッパと西インド諸島間の航海が頻繁に行なわれるようになったが、その航路は一定の緯度に沿ったルートをとるのが常套手段になっていた。不正確ながら緯度は分かるようになっていたからである。つまり一定の緯度のところまで船を真っすぐに南下、または北上させ、その緯度に沿って東西に航海するという方法である。経度が分からなくても、一定の緯度さえ確定しておけば、東西へ直進してゆくとそのうちに陸が見えてくるというわけである。

十七世紀初め、日本へ来航したオランダ船の記録が『平戸オランダ商館の日記』（永積洋子訳）として残っている。この日記は、一六二七年七月二十四日から始まっているが、

「七月二四日土曜、午後タイオワンの碇泊地からウールデン号で出帆した。南の風、かなりの強風。海岸に沿って進路を北西に、ついで北北西に取る。

二五日　上天気。順調に進んで、午後には北緯二五度三十分に達した。進路は北北東」

といった調子で、緯度は記しているが、経度の記載はない。たとえあったにしても、不正確であった

ことはいうまでもない。

それでは問題の経度は、どうすれば正確に測れるか。

近世初めごろから採用されていた方法は、月距法といって、月の動きを測定することにより、月を一種の時計として利用する方法である。この方法はアイディアとしては一見合理的ではあるが、現実には月と固定している星との間の距離を測ることは不可能である。しかし月距法への信仰は根づよく、その方法の改良を求め、各国とも天文台設置へ向け大規模な国家投資を行なうに至ったのが十七世紀後半のこと。イギリスのチャールズ二世は一六七五年、グリニッチに王室天文台を設置するや、フランスもまた三年後にパリに天文台を完成した。いずれもその動機に航海上の覇権がかかっていたのである。

当時イギリスで月の運行を研究していたのがジョン・フラムスチード（一六四六―一七一九）という青年牧師で、彼は王室委員会から航海に役立てるための天体利用法の報告を求められ、好評を得て初代の天文台長になった。しかし残念ながら航海術に完全に役立つ経度の発見には至らなかった。

ついで第五代王室天文台長ネヴィル・マスキリン（一七三二―一八一一）が、ついに月距法に必要な数字を発見、それを洋上で実地テストの上、その方法を著書『英国海員ガイド』（一七六三年）にして出版した。マスキリンの方法を実際に使った航海者の報告では、以前と比べると便利で操作が難しくなく、結果を得るのに四時間以上はかからないと好評であった。とはいえ、その面倒な計算も二つの計器の発明がないと不可能であった。その二つの計器とは、ひとつはエドモンド・ハレーの反射象限儀《しょうげんぎ》で、それはローカル・タイムを知るための太陽の角度、および標準経線の時間を知るための月の距離を測る道具である。もう一つは、二つの観察の時差を矯正する正確な時計である。時差が正確でないと、一分の差でも位置が大きく狂ってしまう。例えば六週間の航海後誤差一〇〇キロメートルの範囲内にいるためには、一日六秒以内の正確な時計を必要とするが、そんな正確な時計をつくることは、当時としてはまったく夢物語にすぎなかった。事実、ニュートン、ハレー、クリスチァン・ホイヘンス、ライプニッツ、ロバート・フックといった当時一流の天才が試みたが、いずれも失敗に終わったのであって、いかに難問であったかが分かるであろう。

そのなかでもクリスチァン・ホイヘンス（一六二九—九五）はもっぱら経度を測るための時計をつくった最初の時計師であった。彼の振子時計の発明（一六五七年）が時計の精度に革命をもたらしたことは周知のとおりであるが、彼は振子時計を海上で使ってみようと試みた。しかし波間に揺れ動く船上ではどうしても無理であることが分かった。そこで一六七五年ひげぜんまいを発明、それを応用したウオッチはその精度が著しく高まった。それでもまだ直接経度が測れるほどの精度にはほど遠かったし、しかも悪条件の重なる海上での使用に耐えなければならないとなると、これは至難のわざというほかなかった。

ともかく十七世紀後半から十八世紀中ごろにかけての最大の課題の一つが、経度測定の方法を誰が最初に解決するか、しかもその課題を解く鍵は、秒単位の時間、しかも陸上とちがって悪条件の重なる海上で、移動する位置での時間をどう測定するかという、いずれにしても高精度な時計の発明にかかっていた。

**クロノメーターの発明**　フランスの時計師ピエール・ル・ロア（一七一七—八五）は、一七四八年、西インド諸島への航海では船がはなはだしい気温の変化にさらされるため、暑さ寒さの変化によって時計のバランスやぜんまいに起こる変化を補正する必要を感じ、その補正装置を考案した。デーテント脱進機といわれるものである。

ル・ロアの研究は、従来の時計技術を一変させたといわれるほど画期的なものであったが、正確な時計の作成に手間どっているうちにイギリスが一歩先んじることになった。

すなわち、イギリスでは一七六一年、ジョン・ハリソン（一六九三—一七七六）が辛苦の末、ついにこの難題の解決に成功する。彼は天文学者でも時計師でもなく、一介の大工であった。

ジョン・ハリソンは弟のジェイムズと二人で航海時計の試作を試みたが、コストが高くつくので二人の財力でははじめから無理な話であった。そこで政府の経度委員会に掛けあい、研究費の名目で賞金の前払いを受けることになった。

彼は数回にわたる前払いを受けながら、二十七年間にわたって$H_1$、$H_2$、$H_3$、そして$H_4$という航海用時計の製作に没頭、一七六〇年やっとのことで最高の作品を完成した。そして翌六一年、王室海軍のデプトフォード号によって海上テストが行なわれた。

その結果はどうであったかといえば、$H_4$は八十一日間の航海中、その誤差わずか五・一秒、法令の定める一日二・六六秒という誤差基準をはるかに上回っていた。これで賞金は間違いなくハリソンのものになるはずであった。ところが、経度委員会がハリソンに$H_4$の現物のほかその設計図をも提出するよう要求したことから、話はこじれた。

疑い深いハリソンがもっとも恐れたことは、設計図まで提出するとその秘密が公にされることで、彼は委員会の要求を拒否、その後長い間、両者の関係はもつれたままであった。しかしハリソンの発明した$H_4$が経度測定の正確な時計であった事実は否定できない。

ちなみにハリソンの時計は、ギリシア神話の時の神の名、クロノスにちなんでクロノメーターとよばれる。

ハリソンのクロノメーターは、彼の秘密保持の懸命の努力にかかわらず、意外に早くコピーが出回ることになる。

ラーカム・ケンドールがコピーしたのが$K_1$で、これによってキャプテン・クックは第二回目の航海（一七七二―七五年）、史上初の南半球の探検航海にのり出すことができた。

南極圏を横切ったのも人類史上初めての快挙であったが、南極大陸がそれまで考えられていたよりもはるかに小さいことを証明した。ニューカレドニア島、フィジー諸島、南極海の南ジョージア島などを発見したのもこのときである。

**バウンティ号の叛乱**　海洋クロノメーターにまつわる、いま一つの興味深い話がある。それは映画にもなった有名な「バウンティ号の叛乱」にまつわる話である。

「バウンティ号」は南太平洋のタヒチ島から、パンの木の苗を集め、それを西インド諸島に移植するための浮かぶ温室であった。パンの木、それはキャプテン・クックの旅行記でヨーロッパ人にとくに感銘を与えたものの一つだが、人びとの日々の糧《かて》であるパンが、タヒチ島の木の上に実際に実っていたという夢のような話からこの計画は始まる。

当時ヨーロッパでは、南米原産のジャガイモが、耐寒性もつよく、人びとの重要な食べものとして普及しつつあった一方、このパンの木はヨーロッパのような高緯度の地域では栽培することが不可能で、そういう意味ではジャガイモほど大した重要性はもたないということが分かっていた。ところが、大西洋のむこうの西インド諸島では、事情がちがっていた。ここでは奴隷を労働力とする砂糖プランテーションが行なわれていた。黒人奴隷たちは賃銀などは一銭も貰っていなかったが、激しい労働のため驚くほどたくさん食糧を食べたために、農場経営者たちは多くの出費を強いられていた。そうしたわけで、パンの木の果実を常食にさせることで、労務費を削減できるならば、農場経営者にとって願ってもないことなのである。

こうしてタヒチ島からパンの木の切り穂を集め、それを西インド諸島まで運ぶ事業が、イギリスの国家事業となり、海軍省がそのための船舶として調達したのが、「バウンティ号」であった。そのとき海洋クロノメーター$K_2$がブライ船長に提供されたのである。

タヒチ島でパンの木を採集したあと、一七八九年四月、フレッチャー・クリスチァンの指揮する乗組員の叛乱というか、ハイジャックが、フレンドリ諸島（トンガ諸島）近海で起こった。ブライ船長以下十八名はランチで波間を漂うことになったが、このときブライはこの小さなオープン・ボートをあやつって、四千マイルを西へ航海、ニューへブリディーズ諸島、アラフラ海を経てチモール島に達し、鮮やかな手並みをみせた。しかし肝心の海洋クロノメーターは、叛乱グループによってピトケアン島（タヒチ島の東南東）に持ち去られてしまった。

その後、この$K_2$がどうなったか。E・ブラットンは『時計文化史』のなかで、つぎのようなエピソードを記している。

「これら叛乱グループのうちの幾人かがタヒチで発見され、また別の三人がポーツマスの港で、その船の帆桁の端に吊りさげられているのが発見されてから六年のちの一八〇八年、アメリカ船『トパーズ号』の船長メイヒュー・フォルジャーは、ある無名の島（ピトケアン島）を発見したが、そこの子供たちが英語で叫んでいるのを耳にして驚いたのであった。その子供たちの父親というのは、叛乱グループのひとりであったアレクサンダー・スミスという男で、彼はフォルジャーに『$K_2$』と、『バウンティ号』からもってきた古い羅針盤《コンパス》とを手渡したのである。彼以外の叛乱グループは互いに殺しあい、土着民に殺されるなどしてみんな死んでしまったということであった」

なお、フォルジャーの手に渡ったこの貴重なクロノメーターは、数週間後にチリのスペイン総督にとり上げられたが、最終的にはヴァルパライソでイギリス海軍の艦長に買い取られ、一八四三年にイギリスに送還されたといわれる。

ところで、海洋クロノメーターが大洋航海と海運業の決め手である以上、それが安価にかつ大量に提供されることが必要である。それに成功したのが、イギリス人ジョン・アーノルド（一七三六―九九）とトーマス・アーンショウ（一七四九―一八二九）で、二人でつくったクロノメーターは約一千個、それまでのものよりはるかにコストが安かった。

フランスでも海洋クロノメーターの開発が、国王の時計師ピエール・ル・ロアおよびフランス海軍省の時計官であったフェルディナン・ベルトウ（一七二七―一八〇七）の手で、ほとんど同時に進められていて、イギリスと覇を争っていた。ル・ロアはクロノメーターの精髄というべきデーテント脱進装置を一七六五年に完成していたにかかわらず、また二十年の歳月とその財産の大半を費やしたにかかわらず、フランス政府は暖かい支援の手を差しのべなかった。こうしてル・ロアはこの方面の研究から離れてしまうとともに、最先端技術の競争でフランスはすっかりイギリスの後塵を拝することになる。

クロノメーターは便利であるにかかわらず、保守的な船乗りたちが受け入れるのには大分時間がかかかった。十九世紀になるまでは、まだ古いマスキリンの月距法による経度計測法が一般に用いられていた。イギリス海軍省が正式に採用したのが一八一八年。世界各国が本初子午線、つまり経度零度の線をグリニッチ天文台を通るものと決定したのは、ようやく一八八四年のこと、それまでは世界共通の経度はなく、各国が別々に経度を定めていたのである。

# 時計への憧れ——消費革命と産業革命

**おじいさんの時計**　イギリス人は伝統を大切にする国民である。その伝統的な生活と文化のシンボルになっているのが、農村のジェントリである。週末の家族旅行でイギリス人が訪れるのも、たいていはそうした心のふるさと、ジェントリの豪壮なマンション（大邸宅）である。これら豪壮なマンションは、古いものもあるが、ジェントリの最盛期であった十八世紀に建てられたものが多い。

城のような堅牢重厚な邸宅の周りには、ふつう二百エーカー（約八十ヘクタール）を越えるパークランドと称する広大な狩猟場をめぐらせている。むかしはここでシカ狩りやキツネ狩りをして獲物を競ったものだ。地主たちは、この豪邸のなかに数十人に及ぶ多くの召使いを抱え、食堂、居間、応接室、書斎といった部屋部屋は、かずかずの家具調度品で飾り立てられていた。

こうした地主たちの家で、代々つたえられる家宝といえば、貴族であることのシンボルである紋章はいうまでもないが、日本の仏壇にあたるのが、お抱えの画家に描かせた先祖代々の肖像画。それに大宴会用の豪華な食器類、特別に指物師につくらせたマホガニーのテーブルや、東洋趣味を代表する中国製陶磁器、宝石類など、大貴族になるほど豪華で、その数や種類も多くなる。

こうした家具調度品のなかで、ひときわ眼につくのが、部屋の壁ぎわに置かれた、ひとの背丈よりも高く細長い箱形の振子式置時計である。高級なものはケースにマホガニーなど贅を凝らし、美術工芸的デザインが施されている。正式にはロングケース・クロックというが、後世のイギリス人はこれを振子のテンポが遅いという意味で、またおじいさんの代から伝えられたという意味で、ユーモアと誇りをこめてふつう「おじいさんの時計」(グランドファーザーズ・クロック)という愛称でよんでいる。この長い振子のついた置時計は、ステイタス・シンボルの第一のものとされ、十七世紀末から十九世紀中ごろにいたる時代には、家具のなかでも真に価値ある家具のひとつとされていた。ロングケース・クロック、それはイギリス時計師が腕によりをかけてつくった、もっともイギリス的な時計で、従来のイギリス工業の遅れをいっきにとり戻したという意味でも画期的な意義をもつものであった。

**時計工は最高の知能集団**　そもそも時計工業が成立した十六世紀ヨーロッパにおいて、その中心地は二つあった。一つは南ドイツ、とくにアウグスブルクとニュールンベルク、いま一つはフランスで、ブロアとパリに時計工が集まっていた。

アウグスブルクは、当時かのフッガー家が東洋物産の取り引き、金融業、銀・銅・水銀などの鉱山業経営で繁栄を誇っていた中部ヨーロッパ第一の商都で、近くのニュールンベルクとともにルターの宗教改革の嵐も吹き荒れていた革新的な町でもあった。ここでは錠前や大砲製造など金属加工業が営まれていたが、時計製造は錠前工の片手間の仕事として始まった。ニュールンベルクに時計工のギルドが結成されたのは一五六五年で、その後は厳しいギルドの入会技術テストに合格したものでなければ、ギルドに加入できなかった。例えばギルドに加入を希望するものは、一年以内にクロック、ウオッチ各一個を製作し、クロックは一時間および十五分ごとに時を打つ装置をつけることとか、ウオッチについては首から吊り掛けるものでアラーム付であることといったような条件がついていた。もっとも初期のウオッチは球形をしていて、しばしば「ニュールンベルクの卵」と呼ばれていたように、ニュールンベルクは時計製造のセンターとして知られていた。

ニュールンベルクと並ぶいま一つの中心地はフランスのブロアで、一五〇〇年以前から錠前工や時計工《クロックメーカー》がいたことが知られているが、十六世紀におけるブロアの発展はめざましかった。そのことは一五一五—一六一〇年の間に時計工の職場＝店の数が五から五十三へ増大していることからも推測できる。イギリスの日記作家ジョン・イヴリンが一六四四年にブロアを訪れているが、金細工とウオッチ製造にかけては天才的で、親切な住民が印象的であったと記し、金細工とウオッチ製造ではフランスにその例をみないと感嘆していたほどである。ブロアはウオッチの製造でもとくにケースの装飾加工で有名であった。

またパリも時計工業の中心で、時計工ギルドが結成されたのは一五四四年、ブロアのギルド結成が一五九七年であるから、パリの方がずっと早かったわけである。

ところで注目すべきは、時計工は他の職人と比べて当時最高の知能集団であったということだ。たしかに鍛冶工、錠前工、宝石工らもそれなりの職業的知識を必要としたが、時計工の場合はとくに高度で精密な計算を必要とする先端技術を扱うために、算数の知識のほか、読み書きの能力を兼ね備えていなければならなかった。だから親方は新入徒弟第一年目に読み書きを教えるのが習わしで、一方、徒弟も製図のほか基礎数学の計算能力を身につけることが要求された。徒弟の多くは天文学の書物も研究し、複雑な計算もできたから、彼らの知的水準はとりわけ高度なものであった。

こうした事情を考慮すると、彼らが宗教改革運動に走ったのは当然ではなかったか。宗教改革運動というのは今日の言葉でいえば反体制運動に当たる。そこで体制側としては、こうした反体制グループに対し、宗教的弾圧を加えざるをえなかったであろう。反体制運動と宗教的迫害がもっとも激しかったのはフランスである。

フランスの進歩的反体制グループはカルヴィン派の新教徒で、彼らはユグノーとよばれる。彼らと体制派との宗教闘争は一五六二―九八年の長きにわたった。これを俗にユグノー戦争とよんでいる。ユグノー戦争は一五九八年、フランス王アンリ四世が新教徒の信仰の自由を認めた「ナントの勅令」によって一応終止符がうたれるが、この内戦でフランスは人的資本の喪失と最先端技術の流出という大きな痛手を被ったのである。ユグノーは当時最高の技術者・知能集団であった時計工のほか、毛織物工業の織元や職人もそのグループに属していたから、ユグノーに対する弾圧・国外追放は、おのずからフランスの知的水準の低下のみならず、技術力、生産力の減退をもたらす結果となった。一方、ユグノーの亡命先においては、彼らのもたらした最新技術とともに毛織物工業や時計工業が台頭してくるのである。それではユグノーの亡命先はどこであったか。一つは、カルヴィン派の本拠スイスのジュネーヴ、もう一つは、海を渡ったイギリスである。

こうして十七世紀中ごろには、ヨーロッパの時計工業の地図は十六世紀とはすっかり様相が変わっていた。

まず十六世紀の中心であったドイツのアウグスブルクとニュールンベルクは、十七世紀前半の最後の宗教戦争といわれた三十年戦争（一六一八—四八年）のため、長期にわたって衰退の一途を辿っていた。例えばアウグスブルクには一六一五年に四十三名の時計工がいたが、一六四五年にはわずか七名に減少していたのである。

それにひきかえ、フランスの亡命時計工による技術移転で、繁栄に向かいつつあったのがイギリスである。とくにロンドンでは一六三一年、時計工組合が結成されるなど、十六世紀における後進的地位から脱し、急速にヨーロッパのセンターに成長しつつあった。イギリス時計工業の成長をもたらしたものは、たんなる技術的理由だけではなく、時計を需要したブルジョワジーや富裕な地主階級の台頭をあげることができる。時間に厳格であったピューリタンこそがイギリス時計工業の成長を支えた国内的要因といってよい。

ともかくドイツの衰退とイギリスの勃興が、十七世紀中ごろのヨーロッパ時計工業に起こりつつあった変貌の中心をなしていた。

**イギリスの時計**　十六世紀イギリスの時計は、ランタン・クロック以外とくに注目すべきものはない。しかも後進的であったイギリス人は独創的であるどころか、日本人のように当時の先進国フランスやドイツの製品を忠実に模倣することが上手であった。彼らは模倣に満足していたけれども、外国とくにフランスの移民時計工の来住には必ずしも快く思っていなかった。移民時計工によって商売が妨げられることを恐れたからである。

イギリス時計工業が後進性を脱し、独創的な技術と方法で大陸の同業者に対する確固たる優越的地位を獲得するのは十七世紀中ごろ以降のことである。

一六五七年オランダ人クリスチァン・ホイヘンスは振子時計を発明した。これにいち早く注目したのがオランダ系移民のイギリス人アハスエルス・フロマンテール（一六〇七―九三）で、彼はオランダへゆきホイヘンスの振子時計の技術を学んだ。そしてイギリス最初の振子時計のメーカーとなったが、振子時計の刻む正確な時間と、ひと巻きすれば一週間、一カ月いや一年も動く時計がつくれるかもしれないという期待で、振子時計はたちまち人気を集めた。とくに強い関心を示したのが護国卿オリヴァー・クロムウェルである。彼はハードとしての振子の導入による計時の正確さと、ソフトとしての厳格な宗教的時間規律が、ピューリタンの教義に一致するという点で、振子時計の有力な支持者となった。

こうして一六六〇年ごろロンドンの時計工によって発明されたのが、ロングケース・クロックである。ロングケースといっても、初めは振子の長さがだいたい二十五センチ程度、高さが約一メートル八十センチだったのが、一六七〇年ごろには王室振子とよばれる長い振子になり、背も横幅も大きくなって文字どおりロングケース・クロックとよばれるにふさわしい豪壮さを備えた。振子の長さ約一メートル、ひと振り一秒、ひと巻き三十時間、八日巻きから一カ月、三カ月巻きもあり、ロンドンのウィリアム・クレメントのアンカー脱進機の発明（一六七〇年ごろ）によって計時はいっそう正確になった。

ロングケース・クロックはイギリス時計の主流となり各地方で製造されたが、一七五〇年以降とくにランカシャー、ヨークシャー地方が時計生産の中心地として発展した。リヴァプール、マンチェスター、プレスコット、ウイガン、セント・ヘレンズにクロックメーカーが集中し、リヴァプール、プレスコット、ウオリントンではウオッチの製造が盛んであった。イギリス産業革命がマンチェスター周辺の綿工業を軸にして勃興してくることはよく知られているが、綿工業の機械化の基盤になったのが、この地方に発達していた時計工業であったことは案外知られていない。すなわち時計工は当時のもっとも優れた技術者であって、彼らの多くは綿業機械発明のニーズに応えいち早く機械工に転身したのである。かの水力紡績機を発明したアークライトは貧困な家庭に育ったため無学文盲、生涯をつうじて字もろくに書けなかったといわれるが、彼の発明には時計工ジョン・ケイ（飛梭を発明したケイとは別人）のほかウオリントンの時計工の協力があったし、ジェニー紡績機を発明したハーグリーヴズも彼自身時計工であった。時計工は紡績機の発明に深く関わっていたばかりか、紡績機の修理に際してはだいたい時計工のもとへ送られたのである。

紡績機のほか、産業革命期における鉄鋼業で画期的な発明とされているのが、鋼《はがね》生産における、るつぼ鋳鋼法の発明（一七四〇年）で、それを発明したのはベンジャミン・ハンツマンという時計工であった。この発明によって時計のぜんまいに用いる丈夫な鋼の生産が可能になった。

**豪華なフランス時計**　ともかくイギリスの時計は機械としての性能を高め、安くて一般的な実用性を重んじる方向へ発展した。だからロングケース・クロックの木製枠にはマホガニーの装飾や日本の漆塗り、あるいは寄木細工に芸術的なデザインを施すといった流行はみられたものの、他国のような豪華絢爛たるぜいたくなクロックの発展はみられなかった。こうしたデザインのシンプルなロングケース・クロックのほか、あえて十八世紀イギリス時計工業の特徴をあげれば、音楽時計や自動人形《オートマタ》時計の製造であろう。

しかし自動人形ではフランスのほうが有名である。かの自動仕掛けの「笛吹き人形」や、食物をついばみ、ガアガア鳴いたり、泳いだりする「あひる」をつくったことで知られるジャック・ド・ヴォーカンソン（一七〇九―八二）は、十八世紀フランスが生んだ天才的技術者である。ラ・メトリが『人間機械論』で、人間という機械をつくることも不可能ではないと予言したのもそのころである。しかしフランスはそのからくり技術を商品として売り出すのに、イギリスに遅れをとった。というのは、イギリスは自動人形を装置した豪華な時計を主として海外市場向けにつくって稼いだからである。その製造業者として有名なのがジェイムズ・コックスで、彼の作品は大部分は中国へ、一部はロシアへ輸出された。中国の皇帝や貴族の時計趣味をあてこんだ、イギリス人の抜けめない商魂が生んだ輸出向け時計が自動人形時計であった。一般にイギリス人はこうした非実用的なぜいたくな装飾時計にはほとんど関心をもたなかった。

これにひきかえ、フランス人はこのイギリス人の発明した単純なロングケースを寄木細工やロココ風の装飾によって、真にみごとな工芸作品につくり変えた。フランス人がとくに力を入れたのがケースのデザインである。花や人物の複雑な彫刻、金ピカに光り輝く真鍮や鼈甲の枠、エナメルを使った豪華な時計の針など、一見して明らかに庶民のものではなく、王侯・貴族のための置時計であることが分かる代物である。王侯・貴族にとっては時計に一分や二分の狂いがあっても彼らの生活がどうなるというものではない。それよりか、宮廷や邸宅がいかに豪華絢爛たる装飾時計で芸術的香りに充ちているかが自慢のたねであった。他人や隣人がもたない素晴しい芸術品をもつため、彼らは衒示的消費を競ったのである。ルイ王朝時代、とりわけ十八世紀後半のルイ十六世時代は、こうした絢爛豪華な時計製造の最盛期であった。

こうしてみると、十八世紀ヨーロッパのクロックには、デザインがシンプルでもっぱら計時の正確さと実用性を追求したイギリス型と、デザインの装飾性に贅を凝らしたフランス型の、まったく対蹠的な二つのタイプがあったことが分かる。このことはクロックだけではなく、ウオッチについても同じことがいえる。とくにウオッチは個人の身につけるものである以上、この二つの時計のちがいはいっそう明瞭に社会生活のなかに現われてくる。

ウオッチ工業の発展はクロックとだいたい同じコースを辿るが、簡単に発展の経過を辿っておこう。

**ウオッチの出現**　最初のウオッチは、一五〇〇年ごろフランスかフランドルでつくられたといわれるが、はじめは鉄製の機械装置を球形のケースに納めたものであった。本格的なウオッチをつくるのに成功したのは、ニュールンベルクの錠前工ペーター・ヘンラインで、当時のウオッチは「ニュールンベルクの卵」といわれたように卵形のケースに入っていた。

ウオッチの出現によって、時間が個人のものになってゆく。とはいえ、初期のウオッチは重さが一キロもあったといわれるから、まだ持ち運びに便利なものではなく、真の意味で個人のものではなかった。ポータブルといっても、貴族がそれを盆にのせて従者にもたせるという意味でポータブルであったにすぎず、むしろその珍貴さを他人に誇示するための道具にすぎなかった。また貴族はウオッチで時間を測る必要性もあまりなかったから、ウオッチをもつことは一種の道楽であり、富や権力のステイタス・シンボルであった。ぜんまい駆動のウオッチはまもなく小型化して首からさげることが可能になると、貴族の嗜好は時間の正確さよりもファッションへ移った。

こうしてウオッチのファッション化を発展させ豪華な装飾品になっていったのがフランスである。だからフランスのウオッチ工業は、ひと握りの上流貴族階級の要望に応じるかたちで、パリ、リヨン、ディジョンを中心に、宝飾師、金細工師、彫刻師、琺瑯塗装師といった職人が高度な美術工芸の技を競った。エナメルの上に絵を描く技術が発明されたのも一六三〇年ごろのフランスで、その発明はすぐさまウオッチのケースに利用され、美しい風景画や肖像画をケースにはめこんだカラフルなエナメルケースが流行となった。十七世紀は宝石の装飾趣味が拡がった時代で、ウオッチがもてはやされたのも、首からかける珍貴なかわいらしい宝石の一種として人気を集めたのであって、時間を正確に刻むかどうかという時計の機能に関心があったわけではなかった。

これに対して、時間の正確さという時計の実用的機能の開発へ向け、ウオッチを発展させたのがイギリスである。中産的農民層が社会の中心として成長しつつあったピューリタン時代のイギリスでは、フランスのような華美な装飾に反発して、もっぱらウオッチの実用性の開発に努めた。一六七五年、ウオッチの最大の技術革新であるひげぜんまいが、イギリスのロバート・フックとオランダのクリスチァン・ホイヘンスによって発明され、それによってウオッチの正確さは、一日五分程度の誤差になった。それまでは調子のよい時計でも、一日に三十分ほどの狂いがあった。こうしてひげぜんまいの発明の結果、ウオッチに分針がつくようになる。その当時イギリスでは長いチョッキを着ることが流行し、従来のペンダント・ウオッチはチョッキのポケットに鎖でつないで納められることとなった。ポケットに納めるウオッチにはあえて華麗な装飾を施しても、人目につかなければ衒示的な意味はない。だからイギリスのウオッチはますます装飾性がうすれ、十七世紀末葉以降実用本位のものになってゆく。そして十八世紀になると、イギリスはフランス、スイスを抑え、ヨーロッパ最大のウオッチおよびクロックの製造国となるのである。

**イギリス時計が世界を支配**　どうしてイギリス時計工業は急速にその優位な地位をきずくことに成功したのか。その裏には十七世紀初めからウオッチ工業をリードしてきたフランスの衰退があった。先進的なフランスの遅れは、再びユグノーを追放した十七世紀末から十八世紀初めにかけて決定的になっていた。例えばフランスはその遅れをとり戻すため、一七一八年イギリスの時計師H・サリを強引に雇い、フランス職人に最新技術の伝授を強要した。サリはイギリスから六十人の労働者をフランスにつれてきて、ヴェルサイユに王立時計工場の設立を試みるわけだが、それほどまでイギリスとフランスの技術水準にはすでに大きな格差ができていたのである。半世紀前と比べると、まったく今昔の感がある。

フランス時計工業の衰退の原因はほかでもない。一六八五年の「ナントの勅令」の廃止によって、ユグノーのウオッチメーカーを大量に国外に追放したためである。追放されたユグノーの数は数十万にのぼるといわれ、彼らの多くはスイスやイギリスへ亡命した。ときあたかも最先端技術を代表するウオッチが、画期的な技術革新を迎えつつあった時代である。そのときに当たり最先端技能集団であったユグノーを追放することで、フランスはかけがえのない損失を被ることになった。それはまた特権的貴族社会にのみ依存してきたフランス時計工業のゆきつくところでもあったのである。

フランスの時計が衰退に赴きつつあった時代に、イギリス時計工業は活気に充ちた発展を開始していた。

まず注目すべきは、優れた時計師が多数輩出したことである。その代表的な時計師がトーマス・トムピオン（一六三九—一七一三）である。トムピオンはロンドンのフリート街《ストリート》に仕事場をもち、ウオッチとともにクロックも製造していた。彼が生涯のうちにつくったウオッチの数はおよそ六千個、クロックは五五〇個で、イギリス最大のウオッチメーカーとなった。彼の成功の蔭には天才的な発明家ロバート・フックの友情とアイディアの援助があった。彼は一六七四年からフックとともに仕事をし、フックの発明になる歯車研磨機によっていっそう正確な時計をつくることができた。彼の職場は、分業にもとづく協業によって、いわゆるマニュファクチャを形成していた。

分業が高い生産力を生み出すことは、周知のように、アダム・スミスが『国富論』（一七七六年）のなかでピンのマニュファクチャを例示として説明していたところである。しかしスミスより百年前に、ウオッチのマニュファクチャの分業に注目していたのが、ウィリアム・ペティである。ペティはある論文のなかでつぎのようにのべていた。

「ウオッチをつくる場合、一人が歯車をつくり、他の一人がぜんまいをつくり、また別の一人がダイヤル・プレートを彫り、また別の一人がケースをつくるという風にすれば、それら全部の仕事を一人でやる場合よりも、はるかに安く、しかも質のよいものができる」

時計という最先端商品は、商品生産の方法においても、新しい時代のニーズに応えるべく分業にもとづく協業という大量生産方式を開拓しつつあった。従来の時計生産は、一般にギルドの徒弟制度のもと、七年の修業期間に、ひとりで時計を製造する技能を修得するのが建前であった。しかし技術革新の最先端にあった時計工業は、事実上ギルド規制から自由で、親方による前貸問屋制のもと部品製造と総合組立産業として発展した。時計メーカーというのは、もっぱら部品組立業者を意味し、イギリスのメーカーは分業組織の発展で大陸の業者を抑え生産力的優位に立っていた。しかもすでに一部ラフなかたちではあるが、十九世紀においてアメリカ式製造法として知られるようになる標準規格化と部品互換方式による部品の製造と組み立てが行なわれていたことは注目してよいであろう。なおイギリスのウオッチ製造技術がすぐれていたいま一つの理由は、宝石を軸心のベアリングに使うことによって、磨耗や破損を少なくできたからである。この方法は十八世紀初め、イギリスのスイス系移民ファチオが発明したもので、その秘法は一八二〇年ごろまで大陸の時計工に知られなかった。これがイギリスの優越性を約一世紀保たせた原因であった。

こうして十八世紀はイギリスのウオッチ工業がヨーロッパ、いや世界を支配した時代である。ウオッチの正確な生産統計はないが、ランデス教授によれば、十八世紀末のイギリスにおけるウオッチ生産は、年間十二万個ないし十九万二千個で、これに対しフランス、スイスなど大陸諸国全体の生産個数は十万ないし十五万、アメリカはゼロであった。当時イギリス・ウオッチの信用は抜群であった。そのことは大陸製のウオッチがしばしばイギリスのメーカーの名前をつけて売られていたことでも分かる。またオランダやスイスでは偽のロンドン時計を安くつくって、逆にイギリスへ輸出し、その安ものがイギリス市場へ大量に出回っていた。大陸製の偽イギリス時計は、ほんもののコストの約三分の一であった。こうして多くの外国製時計がイギリスに輸入されたが、大部分が密輸のため、どれだけ輸入されたか明らかでない。一部は部品に分解して合法的に輸入され、イギリス国内で組み立てられケースに詰められたものもかなりあったようだ。

とにかくイギリスは時計の生産において世界最大の時計王国であったばかりか、時計の国内市場における広大な需要は他国の追随を許さなかった。というよりか、イギリス国内における広大な時計への需要こそが、イギリス時計工業の発展を導いた最大の要因であったといってよい。フランスや大陸諸国では、時計は主として貴族の間でしか需要がなかったのに、イギリスではどうして広く一般に需要されたのだろうか。イギリス人にとって時計とはいったい何であったのか。

**憧れの三つの商品**　こんにちのイギリス人はその生活態度がきわめて保守的だとしばしば指摘されるが、十八世紀のイギリス人はこんにちとはまったく逆で、新しいものや珍貴な舶来ものには人一倍好奇心をもち、積極的に入手しようとする生活的衝動にかりたてられていた。そうしたなかで、十八世紀イギリス人にとっての憧れの商品が三つあった。

一つは、美しくカラー・プリントされたインド更紗、二つは、はるばる中国からもたらされるティ、いま一つは、ウオッチまたはクロック（とくにロングケース・クロック）であった。

ところで、インド更紗はイギリス東インド会社が十七世紀後半以降インドから輸入した特産綿織物であった。その絹のように繊細で肌ざわりのよい、しかも美しくプリントされた綿布にはじめて接したイギリス人、とくに御婦人がたは、その綿の魅力にすっかりとりつかれてしまった。インド更紗のドレスはたちまち婦人たちのあいだでナウな風俗としてもてはやされた。しかもそれは上流階級はもとより中産階級から果ては召使いにいたるまで、まさに広く国民各層の憧れの商品として拡まったのである。

中国から輸入されたティも、十七世紀中ごろ東インド会社がはじめてもたらしたときは、東洋の霊験あらたかな万病に効く高価な薬にすぎなかった。それが日常の飲み物として普及しはじめたのは十八世紀初め。若干の抵抗はあったものの、国民のティに対する要求は強く、農民や道路工事の労働者でさえ毎日ティがなければ暮らせないという、いわばイギリス自身まったくティにいかれた国民になってしまう。

インド更紗も中国茶も、いずれも東洋の特産物であり、アジアからの舶来品である。イギリス人はアジアだけでなく、南北両アメリカ大陸、西インド諸島についても広く情報をもっていたにかかわらず、そのなかでとくに陶磁器や漆器も含めアジアの特産物のなかに、憧れの品物を見出したということは、彼らの意識のなかに東洋文化への畏敬の念があったからである。あたかも明治維新後の日本人の心にずっとあった、かの西洋文明への憧れと崇拝に似ている。われわれのヨーロッパ商品への願望がどんなものであったかを顧みれば、十八世紀イギリス人の東洋文化への憧憬がほぼ想像できるのではないかと思う。

しかもイギリスも日本も、その憧れの異国文化をみずからの努力で自分のものにすることに成功した。マンチェスターの綿業資本家は機械によって、インド綿布に劣らない安価な綿布を大量に生産することで人びとの夢をかなえたし、ティの大量供給もインド、スリランカ（セイロン）の植民地において大規模な茶園経営の成功によって、中国茶への依存を断ち切った。一方、日本が長い間目標としてきた西欧化・工業化がどのようにして達成されたかについては、ここでふれる必要はないであろう。

ところで同じ憧れの商品といっても、時計は、インド更紗やティのような舶来文化の奢侈的消費財とはまったく性格を異にする。時計はこんにちでは一種の耐久消費財に数えてもよいが、十八世紀にあっては奢侈的消費財というよりか、小市民にとってささやかな地位や財産のシンボルであった。人間は誰でも自己顕示欲をもっている。上流階級や中産階級のことはさておき、ふだんは貧しい生活を送っているものでも、一生に一度か二度、思わぬ大金を手にすることがある。そんな金で買うものといえば、だいたいウオッチに決まっていた。別段思わぬ大金をあてにしなくても、こつこつと貯めた金の投資対象がおおむね時計であって、時計はときには「貧民の銀行」poor-man's bankという愛称でよばれていた。というのは、困ったときには、それを売れば結構高く売れたし、質種《しちぐさ》にするにはもってこいの対象であったからである。

ランカシャーの手織工は一七九〇年代に黄金時代を迎えたが、手織工たちはたいていポケットにイギリス製ウオッチをもち、各人の家にはエレガントなマホガニーのケースに入ったクロックを家具として備えていた。貧民の日常生活のなかで、秒針のついたウオッチ（秒針つきウオッチは十八世紀中ごろ以降出現した）をとくに必要としたわけではないのに、高級なウオッチをもつことが庶民の夢であったことは、十八世紀イギリス社会の心性を考える場合注目してよいかと思う。

**大衆消費社会の誕生**　インド更紗、中国茶、時計が十八世紀イギリス庶民にとって夢の商品であったということは、当時イギリスに一種の消費ブームが起こっていたことを示している。一七七〇年代にイギリスを訪れたあるドイツの大学教授は、「イギリス下層階級や中産階級のあいだでは、奢侈ぜいたくが、世界がいままで知らなかったピッチで急速に高まっている」ことに驚いていたし、一七九〇年代に来英したドイツの歴史家も口をそろえて、イギリスの奢侈は他の国を引きはなし、しかもそれが日に日に増大していると記していた。

いったい何がぜいたくであったのか。イギリスでは確かに、一七六〇年代および七〇年代に豪華な住宅建設が増加し、家具調度品もいままで見られなかった良質の陶磁器類、豪華な銀製の燭台、鏡、シェフィールドの名工のつくった刃物類を揃え、新しい庭園にはパインナップルやつばきといった珍しい植物を植えるなど、生活様式に革命的変化が起こっていた。食卓にナイフ、フォークが揃い、手づかみから一般にナイフ、フォークの食器文化へ移ったのもこのころであり、一つの皿に盛った料理からいく皿にも分けて料理を出す風習が始まったのも十八世紀中ごろ以降のことである。新しいものはよいものであるというのが当時の生活哲学であった。

近代社会以前ではふつう奢侈ぜいたくや衒示的消費は、地主・貴族階級に限られていた。農民や商人・職人など一般庶民には、衣食住の日常生活には厳しい制限が設けられ、ぜいたくではでな生活は許されなかった。イギリスでも身分的・倫理的・法的観点からしばしば奢侈禁止法が出され、厳しく奢侈な生活を禁止してきた。

それが崩れ、広く中産階級から下層の人びとをも巻き込んだ消費革命の先がけとなったのが、かの東インド会社によって輸入された安価で彩色プリントされたインド更紗への熱狂的な需要であった。この奢侈的傾向に対しては当然強い反対の声が起こったが、同時に奢侈といっても、国内産の奢侈品は生産と雇用に対する有効需要をつくり出すから、いちがいに奢侈的消費がいけないわけではないという奢侈弁護論が展開され、奢侈論争が古典派経済学誕生への道を拓いたことは注目してよいであろう。

マンデヴィルが『蜜蜂物語』を書いたのは一七一四年、そのなかで彼が主張したのは、「私人の悪徳は公共の利益」というパラドックスである。その意味は、個人が倫理的・法的に禁ぜられている奢侈ぜいたくを行なえば、個人的には悪徳者になるが、社会全体からみれば経済発展の促進に寄与するというわけである。つまり一方では中世以来の奢侈禁止の伝統があるが、それが十八世紀初めごろから奢侈を「必要悪」とみなすように変わっていくのである。それとともに、低賃銀が当然のことと考えられていた労働者の賃銀が、むしろ高賃銀の方が社会的に望ましいものと考えられるようになる。

さらに大切な点は、イギリス社会はフランスさらに日本などと比べると身分制がそれほど厳格でなく、階級間の移動がかなり自由であったということだ。フランスでは貴族は貴族としての体面を守ることを厳しく強制され、商人のようなはしたない営利活動をすれば、貴族の身分を剝奪されたのに、イギリスでは貿易で富をきずいた商人が土地を購入してジェントリの身分に上昇することは可能であり、事実そうした事例は少なくなかったし、商人階級と貴族階級の社会的交流を妨げるものはなかった。その意味ではイギリスは「開かれた社会」であった。そのことが、たとえ身分的に賤しい召使いであっても、貴族の真似をしてタバコを吹かしたり、ティを飲んだり、ウオッチをもって見栄を張ったりしても、社会的にとくに非難されることのない自由な空気をつくり出していたのである。まして「私人の悪徳が公共の利益」ということになれば、奢侈ぜいたくに何のやましいことがあろうか。しかもこと時計に関するかぎり、みんな欲したものはれっきとしたイギリス国内産の時計で、それは国内の雇用を創出するのである。

ところでいくら人びとが奢侈的消費意欲に充ちていても、現実に貧しければどうしようもない。しかし十八世紀は労働階級の所得が上昇しつつあった時代である。賃銀が上昇傾向にあったほか、都市労働者家庭は家族全員が働きに出ることで一家の総所得が増大したことを最近の研究は明らかにしている。婦人が働きに出ることによって、それまで婦人が家庭でつくっていたものが、いまや購買の対象になるわけで、それだけ国内市場が拡大するという現象が起こってくる。現在共稼ぎが増えることで、育児、炊事などの主婦の仕事を補うものとして、託児所やスーパー、外食産業などが栄えるのとよく似ている。

ともかく十八世紀イギリスの家族収入は増加の傾向にあった。例えば一七五〇年ごろ、年収五〇―四〇〇ポンドの家族収入があるものは人口の一五％であったのが、一七八〇年ごろには二五％へ増加している。家族収入の多いイギリス人の家庭には、他の国民と比較して家庭用品の品数が多かった。ジョサイア・タッカーは、イギリスの家庭はフランスの家庭よりも少なくとも価額で三倍の家庭用品を所有していたとのべているが、例えば十八世紀の貧しいイギリスの家庭には、食卓にテーブルクロスはなかったし、陶器の食器もごく少数、刃物類も少なく、食器といえばスプーンが唯一のもので、フォークはまだなかった。こういう家庭でも所得が年収二〇ポンドになると、まっさきに買ったのが時計であった。奢侈的消費は彼らにとって一種のつっぱりだったといってもよい。

それにしてもアダム・スミスは『国富論』（一七七六年）のなかで、「消費はあらゆる生産の唯一の目的である。生産者の関心も、それが消費者の関心を増大させるに必要なかぎり、消費に向けられるべきである」とのべ、消費の意義を積極的に肯定したのであった。

かつてキリスト教が支配していた中世ヨーロッパでは、金儲けは悪であった。それを「金儲けは善である」とする価値観の転換の動機となったのが、ルターやカルヴィンらによる「宗教改革」であった。とすれば、かつて悪徳であった奢侈的消費を美徳とまでいかなくても、公共の利益として経済倫理の転換を促したのは「経済学」であったといってよい。こうした経済倫理の転換を背景としてブルジョワ的市民社会が成立し、同時にゆたかな国内市場に支えられてイギリスに世界で最初の産業革命が起こってくるのである。

# 昼間の時間と夜の時間

**「時計」交響曲**　ヨーゼフ・ハイドン（一七三二—一八〇九）の晩年の交響曲に「時計」交響曲がある。交響曲第一〇一番ニ長調がそれだが、第二楽章が振子時計の刻む音を連想させる軽快なメロディからこの名が生まれたといわれる。「時計」という愛称でよばれるようになったのは作曲後数年たってからである。

私はもとより音楽の専門家でないが、「時計」交響曲はたんに「時計」の刻む音を連想させるだけの音楽だろうかという、疑問ともつかない素人の感想をずっと前から抱いている。すなわち、今日われわれは「時計」といえば、どこの家にも掛かっている柱時計や応接間に飾ってある置時計を連想するが、ハイドンの生きた十八世紀末の時代では、時計は決して庶民がたやすく持てるものではなかった。

オーストリアの片田舎で、それほど豊かでない車大工の家に生まれたハイドンは、決して時計をもてる身分ではなかった。一七六一年ハイドン二十九歳のとき、エステルハージ侯爵の副楽長となり、三十四歳のとき楽長に昇進し、彼の名声はしだいにヨーロッパ各地に拡がっていくが、その時代に一貴族の楽長程度の収入で、置時計であれ、また懐中時計であれ、時計をもつことができたであろうか。イギリスでならともかく、十八世紀中ごろのオーストリアではまだ時計は貴族の邸宅の装飾品でしかなかった。そのことを想うと、ハイドンがもし「時計」を意識して「時計」交響曲を作曲したとすれば、何か深い別の意味があるのではなかろうか、というのが私の素朴な疑問なのである。

この私の疑問を解くため、私はいくつかの音楽解説書や伝記類に当たってみた。しかしハイドンにとって「時計」とは何であったのか、という疑問に直接答えてくれるものはなかった。ただ彼がこの交響曲を作曲するに至った過程を調べてゆくなかで分かったことは、この曲は一七九四年彼の二度目の訪英に際し、ロンドン公演で披露するために作曲されたということである。

**ハイドンのロンドン訪問**　ハイドンは十八世紀後半のヨーロッパを代表する大音楽家であったにかかわらず、長い間オーストリアから外へ出たことはなかった。一七八七年五十五歳のとき、ナポリ王からの招聘さえことわった彼であった。ところが、一七九〇年長らく楽長として仕えたエステルハージ侯が没するや、ウィーンに転居するとともに、ロンドンのザロモン演奏会と契約して、その年の暮れにロンドンへさっさと出かけてゆく。イギリス、いやロンドンの何がそれほど彼をひきつけたのかはともかく、こうして一七九一年一月から翌九二年六月まで約十八カ月にわたる長いロンドン生活が始まる。彼にとっては初めての、しかも六十歳を迎えての外国生活である。それではハイドンがロンドンで眼のあたりにしたものは何であったか。彼はロンドンに着くとまもなく、この大都会の印象をある友だちに書き送っている。

「回復するのに二日かかりましたが、いまはすっかり元気をとり戻しました。そしてとほうもなく大きな都会ロンドンを、あちこち見物してまわりたい気持ちでいっぱいです。この町のさまざまな美観と不思議とはまったく私を驚かせました……」

ハイドンを驚かせたものは何であったのか。まず「私の到着は全市に大きな興奮をまき起こし、全新聞が三日にわたって私のことを書きたてました」という大歓迎振りであった。それにロンドンでは時間の約束に従ってビジネスライクに事が運ばれてゆくことであった。「ナポリ大使と夕方の六時に食事」とか「ザロモン氏と四時に家で食事」とか、時間に縛られたスケジュールが待っていて、「自分の仕事のため、午後の二時までは来訪者を受けないことにしています」と悲鳴をあげる有様。時間の生活に馴れないハイドンは、ある晩大規模な素人音楽会に招待されたが、「すこし時間におくれましたので、控えの間に案内され、ホールで演奏中だった一曲が終わるまで待たされました」といった具合で、遅れた主賓におかまいなく、もう音楽会は時間どおり始まっていた。一曲が終わり、扉が開かれると、いっせいに拍手がおこった。ハイドンは拍手のなか、主催者に腕をとられて、ホールの中央、オーケストラの真ん前に導かれ、多数のイギリス人たちの注視と歓呼を浴びたわけだが、時間に遅れるという恥をかいてしまった。ウィーン時間はここでは通用しなかったのである。

ただハイドンの名誉のために一言つけ加えておくと、音楽会は定刻どおりに始まったにしても、ロンドンの聴衆の多くはいつも遅れて入ってきて騒がしく、コンサートの第一曲目は騒音に妨げられて音楽にならなかった。遅れてきたのはハイドンだけではなく、ロンドンっ子の多くもそうであったのである。さらに聴衆の行儀の悪いことといったら、「まあ想像して見給え、演奏会場で、それも少数ではなく多くの人間が、あるものは荒い鼻息をし、あるものはいびきをかき、あるものはこっくりこっくりやっている場面を。静粛などというものはあり得ないのである。第二曲目になっても眠りの神はその翼を人びとの上に広げたままであった」と、ハイドンを嘆かせる有様であった（ディース、武川寛海訳『ハイドン、伝記的報告』）。

とにかくロンドンでの大歓迎は彼を喜ばせたけれども、「ときには、ウィーンへ飛んで帰りたい思いにかられます。仕事をするのにもっと静かな場所が欲しいのです。通りで品物を売る人びとの騒しさが耐えられないからです」と書いているのは、おそらく彼の本音であったにちがいない。

ハイドンをロンドンへ招いたのは、名ヴァイオリニストであり、コンサート・マースターも務めたヨハン・P・ザロモン。ハイドンはザロモン・コンサートで居眠りするはしたない聴衆をびっくりさせた、かの「驚愕」を含む交響曲第九三番から第九六番までの新作を初演し、満員の客を集めて大成功であった。この年彼はまた、オックスフォード大学から「名誉音楽博士」という最高の音楽家だけにしか贈られない称号を与えられた。それほど彼はイギリスで圧倒的な人気を博したのである。当時のイギリスには大陸のような音楽家を宮廷で抱えるような王侯・貴族はほとんど存在しなかった。それに代わるものとして、ブルジョワや中産階級の市民が、それぞれ金を出しあって音楽を楽しむ各種のクラブができていた。音楽が市民のものであったロンドンでは、ハイドンがいままで手にしたことのない高い収入を保証した。第一回目のロンドン滞在で、彼は実に現金で一万二〇〇〇グルデンも儲けたのである。

おそらくそんな収入の魅力もあって、ザロモンのためにもう六曲の交響曲を作曲するという契約をとりかわして、一七九四年二月初め、ハイドンは再びロンドンを訪れた。そのとき彼が携えてきた曲のなかに、交響曲第一〇一番「時計」があった。来英そうそう三月三日、ハノーヴァー・スクェアのザロモン演奏会で初演された。

ハイドンが第二回目の訪英に際して、「時計」交響曲を作曲したことは、実に意義深いものがあったと思う。というのは、「時計」のなかに彼の第一回訪英の印象とイギリス市民社会への賛歌と侮蔑のユーモラスな気持ちがこめられているからである。ブルジョワ社会の本質を音楽家として交響曲のなかに表現するとすれば、まさに時計が刻む規則正しく機械的な音をパラフレーズすることこそもっともふさわしい方法であったのではないか。ハイドンは時計のなかにブルジョワ社会のメカニズムと秩序を見出していたからである。しかもイギリスにおける人びとの生活がヨーロッパの他の諸国よりも、はるかに時間による組織性と秩序性の上に営まれていたことを実感し経験したのであった。中産階級の家にはたいていロングケース・クロックがあり、労働者や織布工でさえ、ふところに懐中時計をしのばせるイギリス社会の先端的生活風俗。それをオーストリアからきた世界最高の音楽家が見逃すはずはない。なかば賛美し、なかば軽蔑の情感をこめて。岩井宏之氏も「時計交響曲はユーモアのセンスに充ちた非独創的で、しかももっとも交響曲的な交響曲である」とのべている。

前後満三年のイギリス滞在中に、ハイドンが得た収入はイギリスの貨幣で約二四〇〇ポンド。平均すると一年に八〇〇ポンド。年収八〇〇ポンドといえば、召使いを三人もち、夜には盛装してオペラに通う優雅な中産階級の生活を送るには三〇〇ポンドの年収が必要であったといわれるから、それはちょっとした地主貴族階級並みの収入であった。もちろんハイドンにとって、「わが生涯の最良の日々」であっただろう。というのは、彼が一七九〇年エステルハーザからウィーンへ出てきたとき、彼の嚢中にあった三十年の努力の結晶はわずか二〇〇ポンドにすぎなかったからである。

だが一方、ハイドンがイギリスで実際に眼にしたものは、産業革命の進行とそれに伴う大きな社会変化であった。急激に膨張しつつあった都市のなかで、イギリス人がいかに道徳的に堕落しているか。保柳健氏もいうように、自らカトリック教徒であり、カトリック的な生活様式がすみずみまで浸透しているオーストリアで育った六十歳の老大家には、この国の自由は世の終わりを思わせるほどの行き過ぎに映ったにちがいない（保柳健著『大英帝国とロンドン』）。

**労働時間の短縮と休日の制度化**　産業革命はそれまでは一体であった生産と消費を分離させた。生産の場としての工場や職場と、消費生活の場としての家庭とが、それぞれ空間的・時間的に分離されるようになった。工場や職場で過ごす時間を「昼間の時間」とすれば、仕事から解放された後の時間は「夜の時間」である。「昼間の時間」は時計の刻む分秒の時間によって規定される労働の時間であり、生産の時間である。それに対して、職場から家庭へ帰ったとき、私たち多くのものが何はさておき腕時計をはずしてくつろぐように、家庭には時間から解放されたくつろぎがある。家庭の時間は消費の時間であり、自由の時間であり、レジャーの時間である。それはまた人間性を回復する時間でもある。

産業革命の初期には、工場労働者の一日の労働時間は十五、六時間が標準であった。その後しだいに労働時間は長期的にみて短縮の傾向を辿り、一八四七年の「十時間法」制定以後、第一次大戦ごろまで一日十時間週五十四時間労働となり、現在では一日八時間週四十時間労働が一般化しているが、すでに先進国の一部では週三十八時間労働へ移っている。

こうした労働時間短縮の過程で、職場ではますます機械化が進むとともに精密かつ厳格な時間による労働管理が進行する。すでにイギリス産業革命時代にバベイジは『機械と製造業の経済について』（一八三二年）において、「時間研究」と「一日の公正な仕事量」の概念を打ち出していたし、ジェイムズ・ミルも「人間の労働はきわめて単純な要素にまで分解できる」として、作業の単純化による動作研究の萌芽ともいうべき意見をのべていた。こうした時間研究と動作研究はのちにテイラーの「科学的管理法」として完成をみるが、彼が時間研究の方法にストップ・ウオッチを使ったことは有名である。労働は時間に還元して管理されるようになる。こうして経営者にとって近代的経営とは時間との戦いに外ならない。

労働時間短縮がこのように職場におけるいっそう厳しい時間節約と労務管理を導く一方、その裏側では、時計的管理から解放された休日が合理化され制度化されてゆく過程が進行する。イギリスではそれはだいたい一八五〇年ごろから始まる。一八五〇年、この年にはイギリス産業革命を代表する綿工場など繊維産業の労働者に土曜日半ドンが制度化されたが、一八六七年にはすべての産業にそれが拡大され、ついで一八七一年には「銀行休日法《バンクホリディ》」が国会を通過して、年四回のいわゆる国民の休日が制定されたことは、レジャーの歴史に画期的なことであった。

機械時計の出現以来、時計のつくる人工の時間は貨幣となり、人びとはひたすら貨幣のために時間を惜しんで勤勉に働いてきた。怠惰は悪であり、勤勉は美徳であり、「好運の母」であった。とくにピューリタンや宗教改革の精神によれば、娯楽とは仕事をせずに怠けることであり、怠惰は諸悪の根源であった。こうして長い間共同体の娯楽として親しまれてきた共同地でのクリケットも禁止され、闘犬や闘鶏といったレクリエーションは追放されていった。中世以来続いてきた、年に一回数日間にわたり遠隔地の商品を交易する大市、それはまた各地から集まってくる多くの人びとの娯楽の場でもあったが、その大市も産業革命が進行しつつあった十九世紀初めには、ほとんどその歴史を閉じる。こうしてホブズボームもいうように、イギリス産業革命時代は「労働貧民にとってもっとも荒涼たる時代」であった。だから一八五〇年以降労働時間が短縮され休日が制度化され、しかも「夜の時間」がガス燈や石油ランプの発達で明るくなったということは、レジャーに対する価値観の転換を意味するものであった。

レジャーはたしかに目覚めている時間のうちで、労働に費やされる以外の、非労働的残余の時間である。労働を中心に考えると、非労働時間は決して自由なものではないが、人間性を軸にして考えると、自由な時間として積極的にこれをどう使えばよいかという模索が始まる。とくに職場の仕事が「型にはまり、社会的に不毛で本質的に無意味な仕事における満足の欠如を、レジャーの満足によって代替」（W・E・ムーア）するという意味で、レジャーはしだいに社会的に重要な意味をもってくるのである。

**時計的管理社会への抵抗**　ところで、工場制度は時計的時間管理と組織の上に成立する。そのためには時間規律に順応できる労働者の養成が必要である。その養成は並大抵のことではなかったし、労働者の時間規律への抵抗が、とりわけ伝統的産業部門においてはかなり後の時期まで強くみられた。

一八六四年、ある工場監督官はバーミンガム金属加工業についてつぎのように報告している。「労働者が朝の出勤時間や食後の作業再開時に、時間どおりきちんと職場へ出てこない。そのことのために莫大な時間の損失を被っている。もっとひどいのは、『聖月曜日《セント・マンディ》』の風習が一般にみられることである。すなわち『聖月曜日』といって、月曜日には大多数の労働者が遅刻してくるか、またはまったく欠勤したりするのである。ある雇主によれば、月曜日には三〇〇―四〇〇人のうち出勤してくるものはわずか四〇―五〇人。その日は仕事にならないので、多くの雇主ははじめから労働時間を一時間短縮することにしている。ともかく月曜日にはフルに働く労働者はほとんどいない。若干のものがほんの少しの時間働くだけである。またある大規模な比較的管理のゆきとどいた鋳物工場でも、鋳物工は火曜日の昼ごろになってやっと仕事を始める有様である。雇主たちはこのことを不平たらたらいうが、どうしようもないといっている」

この報告は、バーミンガムへ土曜日半休が初めて導入されてのち、約十年経っているけれどもこの有様。雇主たちは「聖月曜日」の代わりに土曜日半休を与えたつもりであったが、労働者にしてみれば、月曜日全休を失っただけで何も得るところがなかった。あえていうならば半日の休みを得たにすぎなかった。しかも土曜日半休といっても、仕事が終わるのが業種によってまちまちで、ある業種では午後一時、あるものは午後五時といった具合であった。

月曜日に職人たちが仕事を休むという習わしは、いつごろから始まったかよく分からないが、おそらく十八世紀ごろから雇主による時間労働の強化とともに始まったようだ。それまでは職人たちは時間に縛られないで気のむくままに仕事をし、伝統的な休日を楽しむといったのんびりした生活を送っていた。ところが問屋制支配の拡大のもと規則的な時間労働が、しだいに家庭内の職場へも入ってくるにつれ、いままでのように仕事と休みの区別がつかないような生活は許されなくなった。そうした状況のなかから生まれたのが、日曜日の安息日につづいて月曜日も休んで連休をとるという習慣である。例えば十八世紀の家内織布工の一週の労働パターンは、月曜日は終日休み、火曜日も大部分休む。水曜日から普通の仕事を始め、木曜日は夜晩くまで、金曜日はしばしば徹夜で仕事にはげむという調子であった。

それが一世紀のちの近代的工場にもうけつがれていた。鉄鋼業で栄えていたシェフィールドでは、「月曜日はいつも一般的に休みであった。聖月曜日とよばれるその日は街路にレジャーを楽しむ人びとがいっぱい溢れていた。この月曜怠業は、大製鋼工場では機械の補修のためという口実で公認されていて、その日は、工場で働く労働者の多くはやむをえず仕事から離れねばならなかった。この月曜休日は多くの場合、つぎの日の仕事にも影響し、大多数の労働者は土曜の午後からずっと仕事を休み、つぎの週の水曜日まで仕事を始めない」と、一八七四年にアメリカ領事は報告していた。

**賃銀よりも労働時間の短縮を**　聖月曜日を楽しんだ労働者は、どちらかといえば家内工業の労働者とか、伝統的工業の熟練労働者といった職人気質の労働者が主で、これに対して機械制大工業として出発した新しい工場では、工場のなかへ労働者を集中し、厳格な時間規律によって労働者を兵営的に組織・監督する体制をとった。工場の周囲の労働者住宅に住居を与えられた労働者は、月曜から土曜まで工場労働に駆りたてられ、連日十四、五時間に及ぶ長時間労働を強制された。ここでは聖月曜日は許されなかった。

そうした体力の限界をこえる長時間労働は、労働効率の面から資本家にとっても必ずしも有利ではなかった。「工場法」によって児童や幼少年の労働時間が引き下げられる一方、やがて成年男子労働者の方からも、賃銀の多いのにこしたことはないが、たとえ少々賃銀が下がっても労働時間の短縮を求める声が強くなってゆく。職場における時間規律から解放され、人間的自由な時間をもちたいという要求である。

例えば一八四七年、議会に「十時間法案」が提出されたときに、工場監督官であったレナード・ホーナーが一一五三人の労働者について同法案に対する世論調査を行なった。その結果、賃銀が下がっても十時間を望むもの、六一・七五％。賃銀が少々下がっても十一時間を望むもの、一二・七五％。これに対して二五・五％のものだけが、十二時間の現在の労働時間の継続を希望、ただし賃銀水準が下がらないことを条件とする、という興味深い結果が出ていた。同様に一八六六年、ニューカッスルの建築工が、一週五十五時間半、賃銀三十三シリングをとるか、それとも一週五十時間半、二十七シリングをとるか、その選択を迫られたとき、彼らはあえて労働時間短縮の方に投票したのであった。つまり賃銀に依存していた労働者も、いまや所得増加よりか、自由なレジャー・タイムの増加に高い価値を認めるようになってきたのである。

**酒が唯一の愉しみ**　働いたあとはただ疲れて寝るだけという、余裕のないその日暮らしのどん底生活、そんなどん底生活の娯楽といえば、もっぱら酒にひたってうさを晴らすのが唯一の愉しみ。イギリスでの人口一人当たりのスピリッツとビールの消費量は、一八二〇―三〇年代と一八七〇年代がピークをなしているが、とくに一八七〇年代には労働者の収入のうち、六分の一ないし四分の一がアルコール飲料にあてられたといわれる。十九世紀中ごろ、イギリスを訪れたフランスの文芸批評家テーヌも、「人びとのあいだの酒びたりにはすさまじいものがある」と記していた。

産業革命以前にも飲酒があったことはいうまでもない。しかし飲酒は労働のリズムの中に組み込まれていたし、労働仲間の社交のシンボルや儀礼でもあった。ところが時計管理的産業社会になると、職場における禁酒はもとより、飲酒それ自身が労働時間を妨げ、労働を怠惰にするという理由で資本にとって敵となる。ましてパブが民衆の資本に対する積極的抵抗の拠点となり、ときにはチャーチストの勢ぞろいの場に利用されるとなると、資本として黙っているわけにはいかない。だから資本家はできるかぎり労働者をアルコールから遠ざけ、あげくはそれを禁止しようとした。こうして十九世紀初めから節酒運動や絶対禁酒運動が展開され、労働者にはアルコールの代わりにコーヒーや紅茶を奨励した。昼間における工場や職場内の時間規律と緊張からくるストレスが、果たしてコーヒーや紅茶で解消するとでもいうのだろうか。

十九世紀イギリス産業資本家はしばしば博愛主義と家父長的温情主義の立場から、労働者のために健康的な住宅を建て、それをつうじて一つの理想的な都市コミュニティを建設しようと試みた。不潔で、精神の荒廃をともなった都市生活から、健康な人間生活をとりもどす方法として、緑に包まれた美しい生活環境とその中に築かれる都市コミュニティ、つまり工場田園都市の建設が博愛主義的産業資本家の理想であった。

こうした田園都市建設の代表的なものに、ロバート・オウエンのニューラナーク、綿紡績業者ストラット家がノッチンガム近郊に建設したベルパー、アルパカ製造業者タイタス・ソールトのソルテア、チョコレートで有名なキャドベリ家がバーミンガム郊外に建設したボーンヴィル、石鹸・マーガリンで知られるリーヴァの建設になるポート・サンライトなどがある。しかしこれら田園都市にはパブを一軒も認めなかったのが特徴である。パブの代わりに、労働者には音楽、ダンス、講演といった、いわゆるおカタイ健全娯楽を与えようとしたのである。それは企業家にとっては満足すべき都市計画であったかもしれないが、アルコールを禁止された労働者が果たして音楽、ダンス、講演といった健全娯楽で満足しただろうか。

といって、毎日パブでの酒びたりの消極的なレジャーの過ごし方からは、人間的向上が望めないことは識者のいうとおりである。だから庶民のレジャーのために、十九世紀中ごろ以降、都市公共施設を新しく設置する運動が起こってくる。例えば一八四五年の博物館法、四六年の公衆浴場・洗濯場法、五〇年の公共図書館法といった議会立法、さらに多くの都市でみられた市民のための公園《パブリック・パーク》を開設する動きである。

公衆浴場・洗濯場の設置を地方自治体に義務づけた法律は、元来入浴や洗濯もろくにできない民衆のために公衆衛生の見地にたって国がとくに配慮したものであるが、実際のところ健康上より娯楽のために利用されることが多かった。例えば一八四二年にオープンしたリヴァプールの公衆浴場は、娯楽を主にしたヘルスセンターになっていた。またもっとも安くて大衆的なバスは、土曜日の夕方になると、小さなプールには子供たちが大勢集まってきて泳いだり飛び込んだりして、賑やかな遊び場になっていた。

識者の期待にもかかわらず、民衆の足はなかなか図書館へ向かなかった。一八八五年になっても図書館を一度でものぞいたことのあるものは、人口のわずか二三％。図書館や博物館・美術館でなくても、娯楽と教養の一体化を理想としたヴィクトリア期の知識人の希望が、もっとも理想的なかたちで現われたのがかの一八五一年のロンドン万国博である。いままで遠出といえば近くの市場町へ出かける程度で、ほとんど村から外へ出たことのなかった農民も、一生に一度の万博見物にロンドンへ出かけた。五月一日から十月十五日までの会期中の入場者は約六百万人、これだけ多数の人びとがレジャーのために動いたことはイギリス史上かつてなかった。万博はそういう意味でも大衆大型レジャーの幕明けとして画期的な催しであった。

しかしロンドン万博を成功させた蔭の立役者は鉄道である。鉄道は庶民にとって新しいスリルに富んだ乗物で、鉄道に乗ること自体がひとつの娯楽であった。一八三〇年最初の鉄道であるリヴァプール・マンチェスター鉄道の開通以来、低料金の乗車券が鉄道ファンのために売り出され、休日の客車は汽車に乗ってみたいという物見高い乗客で鈴なりであった。こうして汽車を利用した集団の遠足が流行となり、一八四〇年にはマンチェスター日曜学校が四万人以上の生徒を汽車に乗せて田舎へ遠足に出かけたり、また同じ年、レスター州職工学校はミドランド鉄道でノッチンガムの博覧会へ二〇〇〇人も送り込むという企画が好評を博した。

このアイディアをうまく商売に利用したのが、トーマス・クックで、彼は一八四一年七月の禁酒大会に鉄道会社を説得してレスター―ラウバラ間十一マイルに特別団体列車を走らせた。列車内でのハムサンドとティ、会場でのダンス、クリケット、ゲーム、すべてセットで一人わずか一シリングというサービス料金であった。これが今日の団体パック旅行の最初といわれる。その成功を基礎に着々と事業を拡大し、一八五一年の万博にはイングランド北部からロンドンへゆく観光客のために、往復割引切符を五シリングで売り出した。それによってロンドン・ノースウェスタン鉄道会社が運んだ乗客だけでも七七万五〇〇〇人といわれる。

万博以後は各地の行楽地、海水浴へと家族で出かけることが多くなり、また中産階級から上の階層は大陸へリゾートを拡げるとともに、アルプスの登山や北欧でのスキーを楽しむといった行楽ブーム・旅行ブームが到来する。

**ミュージック・ホール**　鉄道による行楽と並んで、都市娯楽に一時期を画したのがミュージック・ホールの出現である。

万博が開かれた一八五一年の翌年、テムズ河の南ラムベスにチャールズ・モートンのカンタベリ・ミュージック・ホールが開店した。さし当たりミュージック・ホール第一号である。ミュージック・ホールの前身はイギリスの伝統的な大衆酒場パブである。しかもパブのなかでも音楽や芝居のような娯楽を提供するパブから発展したものである。このチャールズ・モートンという男はアイディア・マンで、しかもすぐれた企業家精神の持主で、以前から大衆のニーズに応えて、sing-songs とか free and easy とよばれる、いまでいう歌声喫茶とかカラオケ・バーのようなパブを経営していた。それも彼の独創的アイディアというよりか、すでにあった酒場《タバーン》音楽室やロンドンの軽食堂《サパールーム》あたりからヒントを得たものであったが、それがミュージック・ホールとして開店するや大当たりをとった。そしてたちまちロンドンはもとより、イギリス各地に拡がり、一八六八年のロンドンにはミュージック・ホールはその数二十八、小さな酒場《タバーン》ホールが十、その他イギリス全土で約三百のミュージック・ホールができ、庶民の娯楽場として一世を風靡するにいたった。

ロンドンではエドワード・ウェストンが一八五七年に開いたホルボーン、地方では一八五三年オープンのマンチェスターの三つのビヤハウス、ミュージック・サロンが有名であった。とくにマンチェスターのビヤハウス、ミュージック・サロンは労働者にとって唯一の大衆娯楽場であったから、毎週二万五〇〇〇人の労働者で賑わっていた。モートン自身も一八六一年にはロンドンの中心街オックスフォード・ストリートに進出し、かのトテナムコート・ロードの一角にオックスフォード・ミュージック・ホールをオープンした。入場料は一人一ペンス、お飲みもの券六ペンスで、一七〇〇人収容できる大衆施設であった。大衆的といっても、土曜・月曜の晩は男性オンリー、のち木曜日を特別に婦人デイとしたが、とても家族連れや女性が入れるような雰囲気ではなかった。というのは、ここは売春婦のかっこうの溜り場になっていて、たえずいかがわしい女が出入りしていたからである。しかもそこで演じられていたものといえば、卑猥な歌や掛け合い漫才風のきざなギャグであふれ、とても女性や子供をつれてゆけるような健全娯楽の場所ではなく、労働者がレジャーのひとときを諷刺やギャグでうさを晴らす場所であった。

ミュージック・ホールからいろんな人気歌手や人気スターが生まれたのはいまと同じで、さまざまなギャグや流行語もまた彼らから生まれた。

例えば露土戦争（一八七七—七八年）中、ロシアのトルコ侵略にいらだっていたイギリス国民の間で広く流行していた愛国的歌謡がある。'We don't want to fight but by Jingo! if we do'（われわれはジンゴの命でなければ戦わない。もし戦うならば）、この一節から有名なジンゴイズム（Jingoism）（その意味は盲目的・好戦的愛国者）という言葉がぱっと拡がったわけだが、この言葉の起源はミュージック・ホールでのギャグに由来するといわれる。'by Jingo' といったところで観衆がどっと沸いたのだろうが、われわれには何がおかしいのかよく分からない。奇術師がここぞというところでまじないのしぐさよろしく、「ヘイ！　ジンゴ！」と気合いを入れる、その呪文で、「みんな戦おうじゃないか」と冗談半分に訴える愛国心に労働者たちが沸いたのかもしれない。イギリス人の間でも「ジンゴ」という語が何を意味するのか必ずしも定説がないようだ。ある辞典には「ジンゴ」は Jesus（キリスト）の婉曲な代用語とあるし、『ブリタニカ』（一九六二年版）によれば、「ジンゴ」とは日本の神功皇后のことで、その「ジンゴ」が祖国日本のために朝鮮を先制的に攻撃した愛国的行為をもじって、露土戦争のときにはじめて政治的用語として用いられたとしている。どうして日本の神功皇后がいきなり出てくるのか、どうもわれわれには解せない。ましてミュージック・ホールに集う労働者が、日本の神功皇后を思い浮かべて爆笑したとも思えないので、『ブリタニカ』の説は少々あやしいようだ。

もう一つ、われわれの時計の話にちなむギャグを紹介しておくと、ジェイムズ・フォーンの諷刺的ギャグとして有名なのが、'If you want to know the time ask a policeman'（時間を知りたければ、ポリ公に聞け）である。このギャグが労働者に馬鹿うけしたのは、ビヤハウスやパブの閉店時間を喧しく監視していたのが巡査で、その巡査にきけば正確な時間を教えてくれるだろうと皮肉った点である。労働者は昼間は時間に縛られ時間に追いたてられた労働を強いられる一方、夜はまさに時間労働から解放されたくつろぎのひと時をパブに見出すのが生き甲斐であった。だからパブには本来時間がないはずであった。パブの主人が適当に時間を決めていた。それにもかかわらず、パブにも最近法令によって閉店時間ができた。昼間の工場監督官のようにパブには巡査が監視にやってくる。そして「もう時間だから」といって労働者をパブから追い立てる。労働者はその稼ぎではとても懐中時計など買える身分ではない。しかし時計の刻む時間は容赦なく、彼らの労働を規制し、本来自由なはずの余暇時間にまで介入してくる。「時間のことならポリ公がよく知っている」というのは痛烈なパロディである。

**酒場の営業時間**　いま十九世紀イギリスにおける酒場の営業時間がどのような推移を辿ったかを、

ざっとみておくのも興味深い。

「飲酒時間を法的に規制しようとするアイディアは、十九世紀的新機軸である」(ブライアン・ハリソン)。最初の取り締まり法である一八二八年の酒類免許販売法では、日曜日午前中の礼拝時間中は酒場を閉じることが勧告されている以外、とくに酒類販売時間の制限はなかった。ところがビールの自由販売とともに、ビヤハウスの設置を認めた一八三〇年のビヤハウス法以後、飲酒時間の制限と警察による取り締まりが厳しくなってゆく。飲酒の時間制限はビヤハウスとパブで異なっていたばかりでなく、人口密度のちがいによって地域別に異なった営業時間を設けるという細かな規則になっていた。ときどきの法令によって若干営業時間が変化しているが、次頁の表によっておよその状況を知ることができよう。これをみると、はじめまったく法的規制のなかったパブにおいても、しだいに営業時間の制限が強化されてゆくことが分かる。とくに農村地域での厳しい時間制限が注目される。

飲酒時間の制限に加え、酔っぱらいに対してはかなり重い罰金が課せられるようになった。その最初の法律は一八三九年の首都警察法であって、ロンドンにおける街路での泥酔に対してなんと四十シリングの科料、酔っぱらって秩序を乱したものには追加科料金を課せられることになった。一八七二年のライセンス法では、街頭での泥酔には十シリングの罰金、十二カ月以内の再犯に対しては二十シリング、三犯に対しては四十シリングの罰金を規定していた。こうなると庶民も気をゆるして飲むわけにはいかなかっただろう。

ビヤハウスの営業時間 (1830—1874)

| 法　令 | 地　域 | 週日の営業時間 | 日曜日の営業時間 |
|---|---|---|---|
| 1830年<br>ビヤハウス法 | 全地域 | 午前4時—午後10時 | 午後1時—3時<br>午後5時—10時 |
| 1834年<br>ビヤハウス法 | 全地域 | 午前5時—午後11時 | 午後1時—3時<br>午後5時—10時 |
| 1840年<br>ビヤハウス法 | ロンドン | 午前5時—午後12時 | 午後1時—3時<br>午後5時—10時 |
| | 人口2500人以上<br>人口2500人未満 | 午前5時—午後11時<br>午前5時—午後10時 | 同　上<br>同　上 |
| 1855年<br>日曜ビヤ法 | ロンドン | 午前5時—午後12時 | 午後0時半—3時<br>午後5時—11時 |
| | 人口2500人以上<br>人口2500人未満 | 午前5時—午後11時<br>午前5時—午後10時 | 同　上<br>同　上 |
| 1874年<br>ライセンス法 | ロンドン | 午前5時—午前0時半 | 午後1時—3時<br>午後6時—11時 |
| | 都市または人口の多い場所 | 午前6時—午後11時 | 午後0時半—2時半<br>午後6時—10時 |
| | 農村地域 | 午前6時—午後10時 | 同　上 |

パブの営業時間 (1828—1874)

| 法　令 | 地　域 | 週日の営業時間 | 日曜日の営業時間 |
|---|---|---|---|
| 1828年<br>エールハウス法 | 全地域 | 法的規制なし | 法的規制なし<br>(朝の礼拝時は閉店) |
| 1839年<br>首都警察法 | ロンドン | 法的規制なし<br>(土曜の深夜は閉店) | 午後1時まで閉店 |
| 1855年<br>日曜ビヤ法 | 全地域 | 法的規制なし<br>(月曜は午前4時開店,<br>土曜の深夜は閉店) | 午後0時半—3時<br>午後5時—11時 |
| 1874年<br>ライセンス法 | ロンドン | 午前5時—午前0時半 | 午後1時—3時<br>午後6時—10時 |
| | 都市または人口の多い場所 | 午前6時—午後11時 | 午後0時半—2時半<br>午後6時—10時 |
| | 農村地域 | 午前6時—午後10時 | 同　上 |

〔Brian Harrison, *Drink and the Victorians*, 1971〕

**セックス都市ロンドン**　酒とくれば女というのが常識であろう。ところが十九世紀でもっとも繁栄した都市ロンドンは、実は世界一のセックス都市であった。

一八七二年八月、岩倉具視を特命全権大使とする岩倉使節団が、アメリカを経て、大英帝国の首都ロンドンに着いた。そのとき一行がみたロンドンのすさまじい印象を『米欧回覧実記』はつぎのように記している。

「十字ノ街ニハ、丐児徙跣《かいじしせん》シテ集リ、帚《ほうき》ヲ取テ遊客ノ前ヲ導キ、履刷《タツハケ》ヲ提ケテ其足ヲ守ル、売淫《ばいいん》ノ婦人ハ、倫敦中ニ十万人ニスク、少シク人行少キ街ニ至レハ、偸児《とうじ》徘徊シ、前ヨリ帽ヲ圧シ、背ヨリ懐ヲ探リテ逃レサル」

使節団一行の冷静な観察眼にはいまさらながら感心させられるが、ここで注目すべきは、ロンドンに売春婦が十万人以上もいたという記述である。

この数字がどういう根拠にもとづくものか分からないが、マイケル・ライアンが『ロンドンの売春』（一八三九年）のなかで推計していたところでは、約八万という数字があがっていた。警察による公式統計は、一八三九年でわずか七〇〇〇人、この数字を信用するものは誰もいない。といって、この性質上正確な数字はつかみえないし、ましてパートタイムの娼婦でない素人まで含めるとなると、いっそうよく分からないが、きっと膨大な数に上ったであろう。

いまその数をかりに十万とすると、一八七二年当時のロンドンの人口が『米欧回覧実記』によると約三二五万（最近の修正された統計では約三三〇万）、しかも対象となる十五歳から六十歳の男子人口の割合は人口の一〇〇〇分の三五〇とすると、その数約一一三万。つまり一一三万に娼婦十万、娼婦一人当たり男性十一人の割合になる。もっともロンドンは観光客が多かったから、ロンドンの人口だけで論ずるのは問題があるが、それにしても驚くべき数字である。

なおパリはロンドン以上にひどかったようだ。例えば一八六〇年代のパリの娼婦の数は、公式統計では三万、非公式の数字で十二万、当時のパリ人口が一八〇万であったから、対象になる男性五人に娼婦一人というすさまじい状況であった。ロンドン、パリと合わせてヨーロッパ三大セックス都市を形成していたのがウィーンである。ウィーンは一八二〇年代、四十万の人口に対し娼婦の数は二万といわれたから、男性七人に娼婦一人の割合であった。

そもそも娼婦の歴史は、古くは古代に遡るといわれるが、そんな古い歴史はともかくとして、農村共同体が解体しはじめた十八世紀から、ロンドン、パリなどの大都市に娼婦が集まってきた。大都市は地方からの出稼ぎ労働者や観光客、それに外国人も混じって、悪の華をはぐくむ環境にあったことは事実である。イギリス十八世紀中ごろの諷刺画家ホガースは、「娼婦の遍歴」と題する六枚ものの連作画をかいているが、その物語絵のストーリーは、田舎からロンドンへ出てきた軽薄な浮気女がユダヤ人の金持のかこいものとなり、一時は成功するが、やがて堕落して投獄されたあげく、みじめな最後をとげるという物語である。これは十八世紀の売春婦の生活と境遇がどんなものであったかを示唆している。

しかし産業革命を経た十九世紀中ごろになると、事態は根本的に変化した。つまり工場制度それ自身が売春婦を生み出す温床であったということである。一八三一年、議会における一証人はつぎのようにのべていた。「この間まで工場で働いていた女工の多くは、不景気で解雇されたとき、売春にかりたてられる。というのは景気が悪くて工場で仕事にありつけなければ、売春以外に生活の方法がないからである」

すべての女子労働者がそうであったというわけではないが、工場内の風紀の乱れは少年少女を売春と窃盗へと走らせた。一八四三年の「未成年の雇用問題」に関する議会調査委員会で、バーミンガムの一警官はつぎのように証言していた。「同じ工場で少年と少女がいっしょに働くということが、売春と窃盗の原因になっています。男と女の機械工が同時刻に工場を離れるということが、デートの約束を容易にします。デートの約束は、ティ・タイムとして許されている午後四時と五時の間になされています。こうして誘惑された少女は、たいてい売春婦になってゆきますが、彼女たちは誘惑した相手の男と結婚することはまずありません」

ところでデートの場所によく使われたのが、劇場の天井桟敷、とくに月曜日の晩には天井桟敷の観客といえば、十二歳から十八歳のヤングでいっぱいであった。少年工の方は、月曜日は五時半に仕事を切り上げて劇場へかけつけ、相手の女性のために席を確保しておく。女性の方は七時まで働いて、それから身仕度をして出かけるという段どりである。あとはおきまりのコースを辿って、女性は身をもち崩してゆく。こうして「工場委員会」（一八三三年）へ提出されたホーキンスの医事報告によれば、一八二四—二六年の間、マンチェスターで生まれた新生児の十二人に一人は父親の分からない子供であった。

娼婦に堕した女の多くは、パブへ出かけて客を拾う。男の傍らへ腰をかけ話しかけては、男を彼女の家へ連れ込むのである。自分の家をもっているものは娼婦でも比較的クラスが上で、たいていはコーヒー・ハウスや居酒屋《タバーン》が設けていた特別室を利用した。コーヒー・ハウスのほか多くのレストランもそのために利用されたようだ。というのは、レストランで軽食と飲みものを注文すれば個室を利用できたからである。

ロンドンの夜の歓楽でもっとも賑わったのは、アージル・ルームとホルボーンとして知られた二つのカジノで、日曜日を除き毎晩八時半から十二時まで音楽とダンスに打ち興ずる男女で広いホールいっぱいであった。内部は豪華な装飾で彩られ、煌々と光りかがやくガス燈のイルミネーションが壁面の鏡に反射し、人びとを夢のくにへ誘う雰囲気に充ちていた。そこにはべる厚化粧の、豪華なドレスに身を包んだ女性はすべて娼婦であった。十二時の閉店後、人びとの群れは、三々五々へイマーケット周辺のラブ・ホテル（当時イギリスではこれをナイト・ハウスとよんだ）へ消えていく。ともかく十九世紀中ごろのイギリスは、歴史上かつてない夜の生活をエンジョイする時代を迎えるのである。

**大正日本の余暇生活**　日本で労働時間の短縮、休日、週休問題などが世間で喧しくいわれるようになったのは、第一次大戦後大正八年ごろからである。そのころには、一日八時間または一週四十八時間というのが国際的基準になりつつあったが、日本の現実は一日十時間ないし十二時間労働で、しかも西欧のような週休制はなかった。日本で週休制を採用していたのは、官庁、学校、銀行、会社などで、中小零細企業の労働者や職人、商業その他のサービス業に従事しているものは、年末年始、盂蘭盆会、鎮守の祭日、三大節（四方拝、天長節、紀元節）のほか定まった休日がなかった。奉公人は藪入りといって、正月および盆の十六日前後に暇を貰い、一日ほど親もとへ帰るのが、奉公人にとって一年中でいちばんの骨休めであった。また職人や丁稚小僧は週休制ではなく、多くは一日と十五日が休みであった。

ところが大正の中ごろから、日本でも労働時間短縮、週休制、休日の増加が時代の流れとして定まってゆくなかで、労働者、民衆の余暇時間の利用がクローズ・アップされてきた。いままで人びとの関心はほとんど労働にばかり向けられていた。勤勉に働くことが善であり、怠惰に余暇をすごすことは悪であった。それがいまや余暇生活の中に何か人生にとって積極的意味を見出そうとする態度へ変わってきたのであるから、価値観の大変化が起こったといって差し支えない。

大正初期から民衆娯楽に起こっていた大きな変化に初めて注目したのは権田保之助である。かつて職人の時代には、生活に時間的ゆとりがあったためか、歌、三味線、踊りといった芸事を玄人式の習練で習ったものだ。そうした習練がそのまま一つの娯楽であった。「清元の師匠に通う、湯帰りに濡手拭を肩にして踊りの師匠の格子戸を明けるなどということは、そのこと自身すでに一箇の娯楽になっていた」(権田保之助『民衆娯楽問題』大正十年)

ところがいまや民衆は金がないとともに暇がない。いや金がないために暇がなくなった。その結果民衆は、その娯楽として玄人なみの修業を必要とする旧い娯楽に打ちこむことができなくなった。こうして従来の民衆娯楽と民衆生活の断絶が起こったが、それに代わって資本主義は新しい様式の娯楽を民衆に提供するに至った。それが活動写真である、と権田保之助はいう。そして権田は誰よりも早く、民衆娯楽としての活動写真についての調査研究にのり出すのである。

**大阪の娯楽調査**　確かに活動写真は新しいタイプの民衆娯楽ではあったが、活動写真だけが娯楽であったわけではない。人びとはいったいどんな余暇生活を送っていたのか。その実態に迫る画期的な調査が大阪市社会部調査課によって行なわれた。『余暇生活の研究』(大正十年)と題する調査がそれである。この調査は大阪市民を対象として、例えば芝居、活動写真、寄席(落語講談、浄瑠璃、浪花節)、歌舞音曲(能楽素謡、琵琶、箏曲、尺八、長唄常盤津、清元、歌沢、舞踊、洋楽)、相撲、諸芸に至るまで、民衆娯楽施設の興行回数、入場者、入場料、しかもそれらの毎月別、大阪市内の中心地別の詳細な統計数字が掲げられている。公的機関によるこんな詳細な都市娯楽調査は私の知るかぎりイギリスにもない。

右に掲げた演芸で、大正十年中に大阪で催された回数は実に五六九〇回、この数字は入場料を徴収したもの、徴収しなかったもの、また常設仮設の区別なく全部を網羅したもので、このうちもっとも開催回数が多かったのは寄席で、その回数は二八〇七回、しかもそのうちの一七〇七回までが浄瑠璃であった。さすが浄瑠璃の発祥地だけあって、大阪では伝統芸術が民衆の間に強い勢力をもっていたことが分かる。それもお金を払ってききにゆくのではない。一七〇七回のうち一六五九回までが入場料をとらずに聞いてもらう素人連の催しであった。入場料をとらなかったのは素人義太夫の天狗たちの催しだけではない。能・謡い、琵琶など歌舞音曲の催しはすべて素人の家庭娯楽の一つであったし、舞踊は遊廓を中心として技芸温習会などで催されたものである。

入場料をとった催しでは、活動写真が断然群を抜いて一三二六回。活動写真にもっとも人気があったことが分かるが、つぎに多かったのが浪花節である。つまり大阪の民衆は浄瑠璃の発表会のために稽古に励む一方、お金を出してゆくところといえば、活動写真に浪花節、ついで芝居小屋であった。

ところがこうした娯楽施設はそれぞれ独立して市内に散在していたのではなく、集中していくつかの歓楽街を形成していた。大正十年ごろの大阪の歓楽街といえばほぼ四つ。すなわち大阪でいちばんの賑やかなところは、まず道頓堀。朝日座、浪花座、中座、弁天座、角座、いわゆる五座の櫓がずらりと軒を並べ、役者の名を染め抜いた旗幟や、茶屋ののれんがひるがえって人気を煽っていた。このうち朝日座はすでに活動写真館に変わっていて、上映もほとんど洋画専門で大阪のファンにとってなくてならぬものであった。道頓堀とT字形に接しているのが千日前。ここには活動写真館が八つ、寄席も同じく八つあった。活動写真館には芦辺劇場、常盤座、弥生座、敷島倶楽部など、寄席には子宝館、花月亭、紅梅亭、第一愛進館といった小屋が軒をつらね、道頓堀が上流市民階級の娯楽の場であるとすれば、千日前は庶民の街で映画の入場料も格安であった。また大阪の南、天王寺公園の一角に新世界があった。ここも千日前と同じく活動写真、寄席、芝居が集まっていたが、新世界の特徴はルナパークにあった。ルナパークは千日前の楽天地とともに大阪が開発した二大娯楽場で、入場料一人四十五銭を払って中に入れば、活動写真あり、芝居あり、活人形もあれば、メリーゴーランドもあり、通天閣のエレベーターもあればケーブルカーもある、落語もあればオペラもある、というわけで、年中無休のルナパークは家族連れで賑わっていた。

これら三つの中心地から離れた大阪西部には、松島遊廓の傍らに九条があって、九条を加えた四つが大阪市民歓楽の四大中心地をなしていた。この他にも小さな中心地として天満天神界隈、福島、玉造などがあったが、これらの歓楽街の特徴として、興行場を取り巻いて飲食店あり、玉突あり、射的あり、カフェあり、料理屋があったことだ。しかも歓楽街の裏には必ず遊廓の巷が巣くっていたことが、大阪の、というよりか日本的歓楽街の特徴をなしていた。すなわち千日前、道頓堀には宗右衛門町、難波新地など南地五花街があり、新世界には飛田、九条には松島、天満天神には曽根崎新地があって、紅燈に灯が入り絃歌のさんざめきが聞こえ出すころには、大阪の夜の生活は一段と輝きを増すのである。色街文化は江戸時代から受けついだものだが、大正期に都市娯楽施設として花柳界は全盛時代を迎えるのである。

**公娼制度と時間管理**　大阪における芸妓・娼妓数は、大正五年の約八八〇〇人から大正十年には約一万一〇〇〇人へと増加、遊客数も大正二年一八二万、大正五年二二〇万、大正十年三七七万へと増加の一途を辿った。さきにロンドンは世界一のセックス都市であったとのべたが、それは建前ではなく本音の実態の部分をえぐり出すとそうなるというわけである。これに対し日本の遊廓の場合は、本来アンダーグランドにあるべき部分を表面に出したという点で世界にも例がないユニークな制度である。それどころか本来国家は禁止すべきものを、公の権力をもって非人道的な制度を認定していたところに問題があった。公娼制度というのはむかしの奴隷制度と変わらない。娼妓はさながら牢獄に監禁された囚人であって、その惨憺たる状態はほとんど言語に絶するものがあった。

山室軍平は『社会廓清論』（大正三年）のなかでその惨憺たる状態をつぎのようにのべていた。むかしエジプトの皇帝パロはイスラエル人を奴隷として虐待するに、原料のワラを与えないで規定の瓦を造れと命じたと伝えられる。ところがわが日本の遊廓という奴隷使役場では、娼妓とよばれる婦人に一日二回の、もっとも粗末な食物を与え、それでも足りなければ客にねだって食べさせてもらうように仕向けられている。これはエジプトのパロでさえ、あえてなしえなかった虐待である。それだけではない。貸座敷業者はふつう、その抱えている娼妓の印形を自分で預り、帳簿をみせないで自分勝手に計算して、娼婦の前借金を減らそうとするのではなく、むしろなるべく殖やし、できるだけ長く引きとめて醜業を継続さすように仕向けている。だから娼妓の大部分は、一生懸命に稼いだために前借金が減るどころか、かえって一年一年増加してゆくばかりである。それも知らぬまに殖えていっているのだからたまったものでない。顔が美しく身体の丈夫な娼妓でさえそうであるから、病身ではやらない娼妓にいたってはその前借金の殖えること実におびただしいものがあった、と。

皮肉なことに、こうした前近代的な彼女たちの労働が厳格な近代的時間管理のもとにおかれていたことで、例えば芸妓の花代、一本十五銭、それを基準にして、送り込花二時間以内一時間は八本狩（一円二十銭）、午前六時から正午まで八本（一円二十銭）、午前六時から午後六時まで三十四本（五円十銭）等々といった調子で、細かな時間料金が立てられていた。イギリスのパブやビヤハウスにおける営業時間の制限は、民衆をアルコールの弊害から守ろうとする社会理念に支えられていたが、日本の遊廓における時間管理は、非人道的奴隷制度を近代的な時間制の下で強化するに役立つだけであった。

それはともかく、近代社会は生産と消費、労働と娯楽を時間的にも空間的にも分離することによって、夜の時間をつくり出し、人びとの生活史に一大変化をもたらした。夜の時間が日常の暮らしのなかでしだいに大きな部分を占めるようになるのは、十九世紀中ごろ以降のことで、夜の歓楽街の出現、イルミネーションにゆれる赤い灯・青い灯が新しい都市文化の象徴となるのもそのころからである。

# 時計の大衆化―スイス時計とアメリカ時計

**標準時の誕生**　いま私たちはラジオやテレビのおかげで、正確な時刻を簡単に知ることができる。電話のダイヤル一一七番を回わせば、女性の声で「ただいまから十時一分十秒をお知らせします」といった調子で、十秒ごとの正確な時報サービスをうけることができる。そしてほとんどみんな、クオーツ・ウオッチを衣服の一部のように腕にはめているから、正確な共通の時刻は当然のことになっている。

ウオッチが人びとの憧れの商品となったのは、イギリスでは十八世紀。中産階級の多くはウオッチをチョッキのポケットにしのばせていたし、また労働者や農民のなかには、虎の子の貯金をはたいてウオッチを手に入れたものもいたであろう。しかし彼らの携行するウオッチはもとより、家の中の置時計も、その指し示す時刻はみんなまちまちの時刻であった。時計自身は機械の進歩で確かに正確な時間を刻むようになっていた。しかし標準時の制度がない以上、基準がないのも同然であった。だから各地方ではその地において太陽の南中する正午を基準にしていたといわれるから、機械時計の時代でありながら、肝心のところでは日時計を使わねばならない状態で、したがって全国いたるところローカル・タイム圏で蔽われていた。しかもそのローカル・タイムも東西一〇〇キロメートルの間隔で数分の時差をもっていたわけで、静態的な地方の時代ならそれでも別段不便はなかったであろう。

しかし産業革命の時代とともに、交通・運輸のスピードが早くなり、全国的な統一市場圏が形成されると、ローカル・タイムの制度が現実にさまざまの不便を引き起こすことになる。例えば鉄道の運行時刻である。初期の時刻表がどうなっていたかその一例をあげると、一八四一年七月三十日のグレート・ウェスタン鉄道（ロンドン―ブリストル間）の時刻表には、現在の国際線の航空機の発着と同じく、各地のローカル・タイムで運行時刻が記されていた。しかも「ロンドン・タイムはレディング時より約四分進んでおり、サイレンスターより七分三十秒、ブリッジウオーターより十四分早くなっている」と注記されていた。そうしなければ時刻表ができなかったのが当時の現状ではあったが、これでは当時の人びとでさえ頭が混乱したにちがいない。またダイヤの混乱からしばしば列車事故が起こった。こうして鉄道網が拡大するにつれ、イギリス全土に適用される標準時をもたない不便さがしだいに明らかになってきた。

一八四六年一月、設立されてまもないロンドン・ノースウェスタン鉄道では、最初の重役会で、鉄道沿線各地が異なるタイムをもつことによって被る不便さについて討議された。そしてロンドン・タイムを全路線に採用する方向を打ち出したが、とりあえずマンチェスターとリヴァプールの終着駅でロンドン・タイムを導入すべく努力しようということになった。しかし問題はどのようにしてロンドン・タイムに統一するかということであった。時間の全国的統一は本来政府が中心になって行なうべきではないかと思うが、イギリスでは一民間企業によって試みられたのが特徴である。つまり一八四八年、同鉄道がロンドンから北ウェールズのホーリーヘッド間に開通した機会をとらえ、グリニッチ・タイムによる標準時化を強行した。すなわち毎朝海軍省の伝令が、正確な時間に合わせたウオッチを、グリニッチからロンドンのユーストン駅までもってきて、それをホーリーヘッド行きの汽車で待機するガードマンに渡す。汽車がホーリーヘッドへ到着するや、そのウオッチは対岸のアイルランドのダブリンへゆく船上で待機する係官にリレーされる。こうしてグリニッチ標準時は海を渡ってアイルランドまで伝達される。そのウオッチは今度は逆のコースを通って再びユーストンへ帰り、再び海軍省の伝令へ返却されるという仕組みである。時間を運ぶことで統一する方法である。

スコットランドは一七〇七年イングランドに合併されたとはいえ、独立性が強く、最近まで女王の肖像のつかない独自の紙幣を発行し独立運動の盛んなところだが、鉄道の標準時刻をいかに決定するかという問題で、まず独立の足をすくわれた。すなわちカレドニア鉄道は散々討議を重ねた末、ビジネスの効率性のために一八四七年十二月からグリニッチ・タイムの採用にふみ切らざるをえなかったのである。

このように各鉄道会社がおのおの駅に備えた時計が、グリニッチ・タイムを示すようになると、地方はいつまでもローカル・タイムに固執することは、かえって不便で、したがって地方の生活も便宜上鉄道の時間に従うようになってゆく。その結果、一八八〇年、グリニッチ天文台の標準時をもってイギリス全土の標準時とすることが法律で決められた。

ちなみにイギリスよりもはるかに遠距離に延びたアメリカの鉄道の場合はどうであったかといえば、一八七六年サンフォード・フレミングが長距離鉄道の時刻問題を解決するために、いくつかの時間帯を設定する案を出していたが、ワシントン・タイムを延々四〇〇〇キロメートルに及ぶ鉄道網に適用することは、通信方法が貧弱な当時としては実際問題として不可能であった。

一八八四年、国際会議が開催されたその席上、グリニッチを通過する子午線をゼロとし、グリニッチ・タイムを標準時として採用するとともに、世界を一時間の時差をもつ二十四の時間帯に分けることが決定された。アメリカのこの提案に対し、反対国はフランスとアイルランドだけで、以後世界各国はこの決定に従うことになった。

鉄道の標準時への統一はグリニッチからウオッチを運ぶという方法をとったが、やっかいなのは海上の船舶の標準時である。十九世紀までにマリーン・クロノメーターの精度が高くなり、船舶の航海が従来に比べいちじるしく安全になったことはさきにのべたが、問題は出帆前にどのようにして標準時をセットしておくかということであった。

ロンドンを出帆する船に対して、グリニッチの標準時を知らせる方法として、王室天文学者ジョン・ポンドは、一八三三年、グリニッチ天文台の屋上にタイム・ボールを設置する方法を考えた。それは直径約九十センチの木製の球で、高さ四・五メートルの柱の上から落ちる仕掛けになっている。すなわち、毎日午後零時五十八分になると、球が柱《マスト》の上までひき上げられ、正一時になると、引金が放たれてストーンと落下する。それを船員が眼で確認してクロノメーターの時刻を調整するのである。時報には鐘とか大砲のドンによる方法があったが、聴覚によるよりか視覚による方がより正確であるていた。

というのでタイム・ボールに代わった。

タイム・ボールはロンドンだけではなく、やがてブライトン、ポーツマス、デヴォンポートといった地方港にも設置されるようになる。ちなみに戦前の日本にも、主な港にタイム・ボールが設けられていた。

**幕末日本人の海外での時間**　ところで興味深いのは、不定時法と定時法の調整である。江戸時代はいわゆる鎖国時代で、日本人の出国は許されなかった。日本人が国内で生活するかぎり、不定時法によろうが日常の暮らしに少しも差し支えなかった。ところが幕末開港後、官命によって欧米へ留学・視察のため出国を許され、ひとたび一歩日本の外へ出た場合、——その場合、とりあえず外国船で生活することになるが、不定時法は通用しない。日本の外は、定時法の世界である。そのとき日本人は定時法の世界にどのように対応したであろうか。

ここに私たちの興味をかきたててくれる、二つの西洋見聞記が残っている。一つは、玉虫左太夫の『航米日録』、いま一つは、柴田剛中の『仏英行』である（いずれも『西洋見聞集』日本思想大系、岩波書店に収められている）。

『航米日録』は、日米通商航海条約の批准書交換と海外情勢の視察という目的のため、万延元年（一八六〇）二月から九月、幕府がアメリカへ派遣した使節団の記録である。

一方『仏英行』は、アメリカへの使節派遣とバランスをとるために、文久元—二年（一八六一—六二）幕府が派遣したヨーロッパ諸国への使節団の記録である。

ここで私がとくに関心をもつのは、時刻の記載の仕方である。遣米使節団の乗った船はアメリカ船ポーハタン号。アメリカ船であるから当然のことながら、アメリカの定時法時刻が船内の時刻である。玉虫も記していう「時鐘アリ。我国ト違ヒ、昼夜二十四時ニ分ツテ半時ゴトニ鐘ヲ撃ツ」と。それにもかかわらず玉虫は船中でも外地でも一貫して、日本の伝統的な十二支不定時法の表現を使っていた。例えば一行がハワイに着いた二月十四日の日記では、

「十四日　陰晴不定、東風　今暁寅牌（寅の刻、午前四時ごろ）オアホ島ヲ遙ニ船ノ左ニ見ル。此辺島近キ故カ、波濤静ナリ。駛ルコト二三里ニシテ南ニ向フ。卯牌（午前六時）ニ至リ、島ノ南面ニ傍《そ》フテ凡一里許ニシテ東ニ向ヘ、東風ユヘ帆ヲ揚グル能ワズ、午牌（午後十二時）オアホ港内ニ入ル……」

といった調子である。ところが大雑把な時刻の表現ならこれで間にあう。しかし不定時法でとくに不便であっただろうと思われるのは、例えば一行がパナマで汽車に乗ったときのこと。『航米日録』はつぎのように記す。

「閏三月六日　晴　……今朝八ツ時一分ニ蒸気車ニ乗リ、十一時一分五リンニ着ス。此程度三時零五厘ナリ。其中一時ハサンハフローニ休息ス、残リ二時令五厘ニ〈我国ノ一時余リナリ〉四十七里（マイル）ヲ過グ。我国ノ里法十九里余ニ当ル。其速ナル、実ニ驚キ入ルナリ……」

いったい「八ツ時一分」とか「十一時一分五リン」といった時刻表示をどう理解したらよいののか。ちなみに他の使節団の手記によれば、十二支法の表記で「五ツ時半（午前九時）出発、四ツ時半（午前十一時）サンパブロ着」となっているから、玉虫の表現はむしろ現地の汽車の出発・到着時刻をそのまま忠実に記したものかもしれない。それにしても「一分五リン」というのはよく分からないが、海外に出てもなお、伝統的十二支不定時法に換算して記しているのは興味深い。

西洋式定時法を日本式不定時法へ換算する必要性は、このころから明治六年一月にいたるまで約十二、三年間、日本社会が世界市場に包摂され国際化されるなかで、いっそう高まってくる。そのニーズに応えて出現したのが換算早見表という便利なものである。玉虫がすでに換算表を携えていたかどうかは不明であるが、ここに明治初めに出版された一冊子がある。柳河春三『西洋時計便覧』（明治二年）がそれである。それによれば不定時法を定時法に直すには、毎月時刻を調整せねばならない。例えば、

八月、二月の中――子ノ時は十二時から一時四八分

丑ノ時は、一時四八分から三時三六分

……

十月、十二月の中――子ノ時は十二時から二時七分十二秒

丑ノ時は、二時七分十二秒から四時十四分二四秒

……

といった具合である。それでも正確な換算であるとはいえない。というのは十二支的不定時法では場所によって同じ子ノ時でも時間の長さが異なるからである。だから換算表を携えていたにしても、海外で現地の定時法に従わず、わざわざ日本式の不定時法に換算して記すということは、実にばかげたことである。「卯牌」とか「寅牌」といっても、おそらくいいかげんな時刻を指していたのであろう。どうして現地の定時法を使わなかったのか。まさか夷狄の文化を排するという攘夷精神の発露でもあるまい。

この時間の二重構造の矛盾は、開港後日本が世界市場に接するにつれ、いっそう大きくなる。だから渡航者のなかには、きれいさっぱり海外では定時法で押し通す開明派があった。さきの柴田剛中がそれである。

柴田の『仏英行』の記載方法は、例えば上海を出帆するくだりをつぎのように記している。「十三日　子　陰、夕前晴　朝第九時験温計八十度　……朝第九時十九ミニュート出帆。……」。また香港着のところでは「午下第一時五ミニュート過《すぎ》、香港投錨。……」といったかたちで、「分」を「ミニュート」と英語で書いている。つまり定時法は柴田にとって、いわば外国語のようなものであった。

だから幕末の海外渡航者には、日本式表記を押し通さんとしたグループと、西洋式定時法を貫いたものとの、二つのグループがあった。日本式を押し通さんとしたグループも、玉虫が記していたように、アメリカでは時計とかラシャといった珍貴な奢侈品を高い値段で買い込むことに熱中していたのである。表は夷狄観をつくろいながら、裏では舶来ものを崇拝するという矛盾した行動をとっていた。ともかく幕末においては、日本の不定時法は大勢として国際社会に対応できなくなっていたことは明らかである。

こうして明治六年一月一日、政府は太陰暦を廃止して太陽暦に改正したとき、同時に不定時法を西洋式の定時法に切り換えた。そのときの布告には、つぎのように記されている。

「一、時刻ノ儀、是迄昼夜長短ニ随ヒ十二時ニ相分チ候処、今後改テ時辰儀時刻昼夜平分二十四時ニ定メ、子刻ヨリ午刻迄ヲ十二時ニ分チ、午前幾時ト称シ、午刻ヨリ子刻迄ヲ十二時ニ分チ、午後幾時ト称候事」

**スイスの時計工業**　ところで、鉄道の出現・普及は、工場・銀行・オフィスなど職場における時間労働の一般化とともに、人びとをしてますます時間への関心、時計への要求を高めた。置時計が家の中の装飾となり、グランドファーザーズ・クロックが一つのステイタス・シンボルであった時代から、鉄道時代の到来とともにいまやウオッチが大衆の必需品になる時代を迎えるのである。ウオッチの大衆化の条件としては、ウオッチの製造における大量生産技術の開発と価格の低廉化が必要である。

イギリスは十八世紀には世界一の時計工業の地位を築き、産業革命によって世界でもっとも早く大衆の時計への社会的ニーズを創出した。それにもかかわらずイギリス時計工業は、国内の大衆的需要に応ずる新しい時代の時計工業として自己革新することができなかった。イギリスの大衆的需要をあてこんで急速に発展したのは、実はまずスイスの時計工業であった。スイスに対抗して、十九世紀中ごろ以降、アメリカが開発した部品互換制による大量生産方式が、時計生産に革命をもたらし、大衆の夢をかなえるとともにアメリカは世界の王者にのし上がるのである。

スイスの西部、フランスと国境を接する山岳地帯はジュラ山脈とよばれる。その渓谷にはベルンからヌーシャテル、ローザンヌ、レマン湖の畔にはジュネーヴといった美しい都市が集まっているが、この地域一帯こそスイス時計工業の中心地なのである。

スイス時計工業の歴史は古く、十六世紀中ごろに遡る。ジュネーヴがウオッチ製造の中心として登場したのは十六世紀後半、その後フランスから亡命技術者集団ユグノーが移住してきた十七世紀末から十八世紀にかけ、時計工業はヌーシャテル地方からベルンへ拡大した。しかしスイス時計工業がめざましい発展をとげるのは十九世紀になってからである。どうしてスイスが急速にのし上がってくるのか。それはスイスが大衆的消費者のニーズに対応して、ウオッチそれ自身に改良を加えるとともに、さらに生産方法に画期的な機械生産様式を導入したためである。

スイスが開発した新しいウオッチは、まずなんといっても薄型ウオッチであった。そもそも伝統的ウオッチはふつう厚いケースに収められていて、それをペンダントとして首から吊るすか、ベルトに吊り下げて携行した。ところがそれをチョッキのポケットに入れて持つようになると、厚いのが不便になる。こうして消費者のニーズは薄型へ移った。といって薄型にすれば、当時の技術ではどうしても時間の正確さを保証することはできない。時間の正確さを犠牲にしても薄型をとるか、それとも従来どおり厚型で時間の正確さの方をとるか。社会的に二者択一を迫られたが、時間の正確さを犠牲にしてファッションに走り、エレガンスに重点をおいたのがフランス時計工業である。これに対し、イギリスの時計は時間の正確さを重視したため、フランスの時計と比べると、どうしても厚くなり美的な優雅さにおいて劣っていた。そうしたなかでスイスが開発したウオッチは、ひと口でいうと、両者のよいところをとり入れた、安価で薄型の、しかも正確な時計であった。

スイスの時計が安価であったこと、この点が国際市場競争でスイスの進出を可能にした大きな要因であった。なぜ安価であったかといえば、スイス時計工業はジュラ渓谷地帯の貧しい農民、牧畜農民らの農村副業として営まれていたからであり、しかもこの地域の賃銀は西ヨーロッパのなかでも長い間最低の賃銀として知られていたほど低かったからである。

ところでいまひとつ、スイス時計の特徴は鍵がついてなかったことだ。それまでのウオッチはみんなネジを巻くのに、ケースの蓋を開けてネジ穴にキーをさし込んで巻いたものである。つい最近までわれわれも柱時計はキーによってネジを巻いていた、それである。キーなしのウオッチを最初に発明したのはイギリス人トーマス・プレストで一八二〇年のこと。三年後イギリスで数個試作されたけれども、時間の正確さの点で技術上の難点があり、それを克服できなかった。イギリスで普及しなかったものに改良を加え、海外市場とくにアメリカ向け輸出に成功したのがスイスである。アメリカは当時工業化へ向かってスタートを切ったばかりで、時間の正確さに少々難があっても値段の安い一般向きウオッチに需要が集まっていた。これに眼をつけたのがスイスで、その後二十年ほどの間に薄型のスイス製キーなしウオッチはすっかり人気商品となった。

スイス時計工業の発展は、輸出産業として成功した点にある。しかも輸出成功の背後に、実に丹念な海外市場調査があったことは注目すべきである。例えばスイスの時計会社は十九世紀中ごろ、すでにニューヨークに代理店をおいて、アメリカ市場向きのウオッチの製造販売に当たっていたし、またしばしば市場のニーズに関する情報蒐集のために専門家を派遣した点で、他の国よりも進んでいた。また十九世紀後半、欧米各地で頻繁に開かれた万国産業博には、スイスはいつも出品展示し世界の情報蒐集に努めていた。

**イギリスの凋落**　こうしてスイス時計工業は十九世紀中ごろにはたちまち世界一の時計王国へと飛躍的な発展をとげるにいたった。一八六二年スイスは年産二五〇万個、これに対しイギリスは一六万九〇〇〇個、アメリカは急速な発展を示しつつあったとはいえ、まだわずか五万個にすぎなかった。スイス製時計はその大部分が輸出向けであったから、スイス時計の進出によって大きな痛手を受ける国が出てきた。それはイギリスである。いまなら「貿易摩擦」問題として世論が喧しくなるところだが、さすがは自由貿易の祖国、イギリス時計業界は議会へ陳情したり抵抗は試みたものの、それぞれの道を求めて転身してゆく。

イギリス時計工業の凋落ぶりがいかに急速であったか、数字がもっとも雄弁に語っている。すなわち一八六二年から十年後の七二年、スイスを中心とする大陸諸国の生産は二五〇万から三〇〇万へ増加、一方アメリカのウオッチ生産も五万個から四〇万個へと飛躍したのに対し、イギリスだけは逆に一四万五〇〇〇個へと減少した。それからさらに十年後の八二年にはどうなっていたかというと、スイスは三五〇万個、アメリカは一五〇万個、イギリスはひとケタちがう二二万七〇〇〇個。イギリスの凋落ぶりは眼をみはるばかりである。

どうしてイギリスは国際競争に敗れたのか。一八六〇年代に既にイギリス時計工業界はどこに問題があるかを把握していたようだ。つまり時計生産態勢は、十九世紀初めまでの手づくりの段階から、機械による時計生産、しかも部品の標準規格化と部品互換制による大量生産の段階に移っていた。それにもかかわらず、相変わらず旧式の生産方法に固執し、新しい時代の技術革新に乗り遅れてしまった、というのである。しかしイギリスは同時にライバルのスイス時計工業のやり方を大いに非難することで鬱憤を晴らすことを忘れなかった。イギリスのスイス時計に対する攻撃はだいたい三つの点にしぼられる。一つはイギリスのデザイン盗用、第二はチープレイバー。第三は品質粗悪である。スイス時計はイギリス時計のデザインを模倣し、フランス経由の輸出やイギリスへの密輸で荒稼ぎしているが、安かろう悪かろうの粗悪品だというわけだ。

いうまでもないが、イギリスにも革新的な企業家がいて、家内工業的経営ではなく、機械制工場生産の試みが行なわれたことは事実である。例えば一八四三年に設立されたロザラム家のコベントリ会社がそれで、そこでは約二〇〇人の従業員が年産六〇〇〇個のウオッチをつくっていた。この会社はやがてイギリス最大の時計会社の一つとなるが、少なくとも工場生産の試みは成功しなかった。どうして成功しなかったか。その理由は、イギリス民衆の間には工場の生産物は手づくりのものより質が劣っているという、工場製品に対する一種の拒否反応が牢乎として存在していたからである。

こうした新製品への拒否反応と旧方式への保守的傾向は、たんに当時の消費者マインドの特徴であったばかりでなく、職人・労働者の間でも根強くみられたところである。部品互換制つまり標準規格化された部品を大量につくっておいて、それらを組み立ててゆくという機械の新しい製造方法は、一品ずつ注文主の好みに合わせ腕によりをかけてつくってきた職人気質の労働者にとって、とても簡単に認めるわけにいかない。部品互換制方式がアメリカで広く普及していることを知ったイギリス人は、半ば軽蔑的な思いを込めて、これをアメリカ式製造システム（American system of manufacture）とよんでいた。早い話が、一八五〇年代初め、アメリカの都市では既にレディ・メイドの洋服が店頭に並んでいた。これに対しイギリス人にとって服というのは、それを着る人の身体がそれぞれ異なる以上、洋服仕立人《テイラー》が注文をうけ、いちいちサイズを測って仕立てるものだという伝統的な思想から脱け出せなかったのである。こうしてイギリスへのアメリカ式製造システムの導入もまた労働者の反対にあって失敗したのである。

技術革新へのいわば拒否的反応を示したイギリス時計業界は、どこへ行ったのか。スイス、アメリカが軽くて安い大衆商品の生産をめざしていたのに、イギリスは相変わらず価格よりも質を重視、素材にはニッケルよりも重い真鍮をそのまま使っていた。どうみてもイギリスは本気でスイスやアメリカと競争する情熱や競争心に欠けていたようだ。その結果かつての時計工業の中心地コヴェントリは、一八八〇年以降ウオッチ生産から当時盛んになりつつあった自転車製造へ続続と転業、やがてコヴェントリはイギリス最大の自転車工業の中心となり、二十世紀になると自動車工業へと受けつがれてゆく。

**スイス時計の転換**　十九世紀中ごろスイスは世界一の時計工業国の地位を築いたが、そのスイス時計工業に一大転機をもたらしたのが、一八七六年フィラデルフィアで開かれたアメリカ独立百年記念万国博である。ここにはアメリカの工場でつくられた製品が多数展示されていたが、その一つにウオッチがあった。スイス時計業界から派遣されていたエドワード・ファーヴル＝ペレは、アメリカ製ウオッチを持ち帰るとともに、それをテストした上で、万博視察報告を行なった。そのなかで彼は、アメリカ製ウオッチがスイスのそれより性能の点ですぐれているという衝撃的な爆弾報告をした。

ときあたかも不況のさなか、しかもスイス時計はアメリカの時計に圧迫されて深刻な不振に悩んでいた。いったいこの時計工業を襲っている危機の真の原因は何なのか、そしてこの危機に対してどう対処すべきなのか。これが当時スイス時計工業が直面していた最大の課題であった。

そのときファーヴル＝ペレが提起した対策案は、スイスもアメリカ式製造方式を採用すべきだという主張である。もとよりこの主張がそのまま受け入れられたわけではなかった。むしろファーヴル＝ペレの主張に批判的な意見が多かった。手づくりのウオッチの方がやはり優れているし、アメリカでさえ良質の時計は手づくりに頼らざるをえないとして、旧い方式に固執する態度がみられた。とはいえ、フィラデルフィア博を契機に、スイスは手づくりの良さを保ちながら部品互換方式へ転換してゆくのである。スイスを凌駕したアメリカ時計工業、その基礎になったアメリカ式製造システム。どうしてアメリカがそれほど急速に時計工業の分野に飛躍的な進出をとげるのであろうか。

**アメリカ式製造システム**　スイスの繁栄を崩すもとになったアメリカ式製造システムは、十九世紀初めから始まっていた。それは綿繰り機《コットン・ジン》の発明で知られるイーライ・ウィットニーの部品互換制による大量生産方式のアイディアに始まったといわれる。彼は一七九八年、十五カ月間に一万挺のマスケット銃を完成納入する契約を政府と結んだ。実際は九年かかったのであるが、その製造方法としてあみ出したのが部品生産の規格化・システム化であった。部品の標準規格化と手工業的熟練に代わる精密な機械による生産があって初めてどの部品でも自由に交換できるわけで、部品互換制こそ従来の常識を破る画期的な生産方法であった。それは中世以来のギルド的手工業の伝統がないアメリカで生まれた生産方法というよりか生産システムであった。そのシステムは、西部劇でおなじみのコルトのピストル、マコーミックの刈取機、シンガーのミシン、さらにタイプライター、自転車、自動車へと応用され、アメリカ機械工業と大量生産の発展をリードしてゆく。

クロックの生産に、このシステムを初めて応用し大量生産に成功したのはイーライ・テリー（一七七二―一八五二）である。テリーが最初にクロックの大量生産の可能性に確信をもったとき、最大の障害はそれに見合う需要がなかったことである。彼は三つ、四つクロックを完成すると、それらを売るために自ら馬の背に積んで行商に出かけねばならなかった。それにもかかわらず一八〇二年、彼はプリマスの近くに水力を動力とする工場を建設、やがて二十五の作業工程に分けた分業組織によって年産二〇〇個のクロック生産に成功する。その後彼のもとへ大量の注文がくるようになると、工場を拡大する一方、同時に新しい型のクロック、いわゆる棚《シエルフ》クロックの製作に成功する。

彼の考案になる棚クロックというのは、高さ五十センチ、奥行き十センチの四角な箱に入ったクロックで、テリー時計の特徴とする木製のムーブメントは三十時間巻きであった。ちょうど一八一二―一四年の米英戦争の時代であったため、テリーの棚クロックに人気が集まり、従来のイギリス式ロングケース・クロックを追放してしまった。テリーは最初の三年間に四〇〇〇個の販売実績をあげ、五年後には年間六〇〇〇個という未曽有の大量生産に成功するのである。これがアメリカにおける部品互換制方式による時計の大量生産の最初であろう。

テリーの棚クロックは、一八三八年以後チョウンシー・ジェロームの真鍮製クロックにとって代わられる。一八四二年ジェロームの真鍮製クロックはイギリスに向け、わずか一ドル五十セントで大量に輸出される。驚いたのはイギリスで、早速アメリカに抗議した。アメリカは賃銀が高いにかかわらず安いクロックをどっと送り込んできたのは、価格ダンピングだというわけである。ジェロームだけではない。セス・トーマスその他、アメリカのクロックメーカーも、大量生産の利点を生かして、イギリス市場に攻撃をかけた。そのためにイギリス・クロック産業は手痛い打撃をうけた。

それでもまだイギリスはアメリカの大量生産方式に対して関心をもたなかった。というのは、イギリスは機械工業における優位を絶対に疑わなかったからである。イギリスの自信がぐらつく契機になったのが、実はかの一八五一年のロンドン万博である。そこへ出品展示されたアメリカの機械、とくにマコーミックの刈取機、コルトの連発拳銃を見たイギリス人は、あっと息をのむほどのショックを受けた。イギリスの新聞は、このままでゆけば、アメリカは早晩わが国を追い越すであろうと予言するほどであった。

ロンドン万博での成功に気をよくしたアメリカは、一八五三年ニューヨークで博覧会を開くことになった。イギリス政府は早速J・ホイットワースを団長とする調査団を派遣、アメリカの工業とくに部品互換制のアメリカ式製造システムをつぶさに調査した。そのなかに時計工業が含まれていたことはいうまでもない。ホイットワースは報告書のなかで、大量の専門工作機械の導入と部品互換方式の採用によって、安価な時計の量産が可能になっていると指摘していた。

**ウオルサムのウオッチ**　イギリスの調査団が来米したときは、アメリカのウオッチ生産はまだ本格的に始まっていなかった。ウオッチの大量生産の壁になっていたのは、部品の精密性である。ある部品は精密性において一インチの五〇〇〇分の一の精度を必要としたが、当時そうした機械の製作者はいなかった。しかしともかくウオッチの大量生産を試み成功を収めたのが、のちのウオルサム時計会社の設立者とされるアーロン・L・デニソン（一八一二—九五）である。

元来宝石工であったデニソンは、イギリスやスイスでクロックの製造を学び、さらにニューヨークやボストンで修業を重ね、一八五〇年エドワード・ハワードの資金援助を得て小さなウオッチ製造工場を設立した。最初のウオッチを市場に出したのが一八五三年、そのときウオッチ一個をつくるのに二十一日かかった。その後工場の機械化が進み、一八五九年ウオルサムへ移った新工場では四日へと生産性が著しく上昇した。そこへ勃発したのが南北戦争。軍隊の行動には時間と時計を必要としたから、戦争は予期しない刺激を時計工業に与えた。

こうしてウオルサム（当時の名称はアメリカ・ウオッチ会社）の生産は急速に伸び、五八年の一万四〇〇〇個から六四年の一一万八〇〇〇個へと飛躍した。六五年にはいわゆる兵隊ウオッチ 'Ellery' のユニット販売が全体の四四・七％を占め、売上高のなかで三〇・四％を占めた。戦争がウオッチ工業の発展を促進したことは否定できない。いま一つ、大衆需要を喚起したのは鉄道の発達であろう。ともかくアメリカ・ウオッチ会社の成功に刺激されて、続々と新会社が設立された。六一年ハワード、六四年エルジン、六九年イリノイ、七七年ハムデン、九二年ハミルトンなど。このアメリカの拡大した国内需要をあてこんだのがスイスの時計で、スイスのアメリカへの輸出が六〇年代に急速に伸びたのはそのためである。しかし一八七二年をピークにそれ以降は下降に転じた。さきにものべたように、スイスの前にはアメリカ的大量生産との競争という厚い壁が立ちはだかっていたのである。

こうしたアメリカにおけるウオッチの大量生産で注目すべきは、大衆商品として人びとの長い間の夢であった一ドル・ウオッチが出現したことである。一ドル・ウオッチといえば、ロバート・H・インガソルのそれが有名である。彼は一八八一年弟のチャールズとともに、ニューヨークで一ドル均一の通信販売を始めた。その一ドル商品のなかにウオッチを加えることができるのではないかというのがインガソルのアイディアであった。このアイディア商法は大いに当たり、一八九四年には年間五〇万個、二年後には一〇〇万個へと売り上げは急増した。そこで彼は通信販売から手を引き、一ドル・ウオッチの製造に精力を傾け、二十世紀初めにはイギリス人向けに五シリングの「クラウン・ウオッチ」の販売に乗り出すのである。なおインガソルの名前は一九五一年までトレード・マークとして残っていたが、この年アメリカでは'Timex'にとって代わられる。

こうしてウオッチは労働者・一般大衆といえども簡単に手に入る、ウオッチの大衆化時代を迎えるのである。

# 機械時計の歴史の終わり——ウオッチの風俗化

「セイコーのなぐり込み」　アメリカ最大の週刊経済誌『ビジネス・ウィーク』、その一九七八年六月五日号は「セイコーのなぐり込み」(Seiko's Smash) と題するセンセイショナルな特集号を編集した。その特集号の表紙がまた傑作である。表紙いっぱいにセイコー・クオーツの円い文字板のワクを描き、時針・分針には、柔道着を着た躍動するサムライのカリカチュアを配している。サムライは鋭い眼をつり上げ、ぐっと固く口を結んで敵をにらみつけ、長く伸びた左足、ひざを曲げ、つけ根に畳んだ右足は、いままさに空中から敵を足蹴りで攻撃する構えを示す。このいささかどぎつい漫画風の表紙は、いや応なしに読者の眼をひきつける。

その特集記事の書き出しがまた振るっている。「恐るべき日本のウオッチメーカー、かのセイコー・ブランドの時計業者服部時計会社は、十年以上にわたる販売市場の激動と会社内の動乱ののち、いまや六兆ドルのウオッチ業界における押しも押されもしない大物にのし上がってきた。セイコーは、現代における相つぐ技術変化、およびウオッチ市場の上得意の間に起こりつつある消費者嗜好の変化の、実は蔭の立役者なのである」と。一九六〇年代中ごろ、日本はすでにウオッチの生産約一五五〇万個で、世界第三位、クロックも約一四〇〇万個で世界第四位を占めるようになっていたものの、まだ世界市場ではそれほど目立った存在ではなかった。

ところがその後十年、日本の時計生産は驚異的な飛躍をとげる。『ビジネス・ウィーク』が「セイコー、世界市場に頭角を現わす」として掲げていた統計表によると、一九七七年の世界の時計の総売り上げ額は約六十億ドル、そのおよそ半分を日本、スイス、アメリカ、ソ連の四カ国のメーカーが占めている。ここには世界のトップメーカー九社がランクづけされているが、トップ中のトップはセイコーである。売り上げ高は約十億ドル、二位以下に圧倒的な差をつけているのが注目をひく。

ベストナインのなかには、第一位のセイコーをはじめ、第四位にはシチズン、第八位にはオリエントと日本の三社がくつわを並べている。アメリカもこの中に三社が顔を出している。タイメックス、ブローバ、それにICメーカーとして有名なテキサス・インスツルメント。しかしこれら三社の売り上げ合計は、日本の三社のそれに及ばない。日本の約半分。しかし生産個数では日本の三社合計四一〇〇万個に対し、アメリカは四七〇〇万個と、アメリカの方がやや日本に優っている。ということは、日本のは高級品が多いということを示している。一方、スイスにいたっては、ASUAG（スイス時計総合株式会社）、SSIH（スイス時計工業協会）の二社の生産個数はセイコーの二倍以上もあるのに、売り上げ高は二社を合わせても、セイコー一社にはるかに及ばない。

十九世紀中ごろから世界を支配してきたスイス、さらに十九世紀末から二十世紀のごく最近まで世界に君臨してきたアメリカ、ともかく時計といえばスイス、アメリカときまっていたのが、いまや日本がわずかの間にスイス、アメリカに追いつくところまできたのである。一九八〇年の統計では、ついに日本の生産は一億個を越え、世界一の生産国になる。日本には江戸時代のユニークな和時計の歴史があるし、明治中期以来中国市場においてアメリカやドイツの掛時計・置時計との競争でかなり善戦した歴史をもっている。確かに一九七〇年代における日本の飛躍的発展の背後には、江戸時代以来の歴史と伝統がある。けれども日本の発展には、ウオッチにおける技術革命への先駆的対応や消費大衆の需要への能率的適応といった企業者活動の成功を無視するわけにいかない。それではウオッチの世界に起こっていた革命とは何か。

**ウオッチの電子化**　一九五三年六月、イギリス時計学会はフランスから一人のウオッチ・メーカーを招き、王立技術協会のホールで講演をきいた。そのフランス人の名はフレッド・リップ。彼は自分の開発した電気腕時計《ウオッチ》を身につけていた。この電気ウオッチが、たちまちのうちに機械時計を圧倒し、時計革命に発展するとは誰も予想しなかった。

ついで一九五六年、もう一つのフランスの時計会社A.T.O.——それは最初のトランジスター振子時計をつくった時計会社であるが——もまた、電気ウオッチをつくった。

しかしこれをいち早く市場にのせるのに成功したのはアメリカのハミルトン・ウオッチ会社で、一九五七年一月のことである。この会社は第二次大戦中は、航海用クロノメーターの大量生産に従事していた会社である。電池腕時計では、いままでの主ぜんまい・バレルの代わりに電池がついていて、それがウオッチを動かすエネルギーを出す仕組みになっていた。この小さな電池の出現は、時計の歴史における振子時計の出現にも匹敵する画期的な技術革新であった。翌五八年西ドイツも電気腕時計の生産に成功、ハノーヴァーの見本市に出品した。

ついで一九六〇年、機械時計のメーカーにショックを与えたのは、スイスの物理学者でヌーシャテル時計研究所のマックス・ヘッツェルが、発振装置に音波を使ったウオッチを発明したことである。しかしこの彼の発明はスイスでは受け入れられず、彼はアメリカへ渡った。当時アメリカでは人工衛星の操作に小型で正確なタイム・スイッチを必要としていたので、彼は歓迎された。ヘッツェルの方式を採用したのはNASA（アメリカ航空宇宙局）とコンタクトのあったブローバ・ウオッチ会社である。ブローバ社はそれを人工衛星エクスプローラ搭載のタイム・スイッチとして開発したばかりか、それをムーブメントに使った音叉時計「アキュトロン」を発表したのである。

こうして機械時計は一九六〇年代にはぜんまい巻きから電池式へと動力革命を経て、しだいに機械というよりか電気製品の一部になりつつあった。例えば一九六四年の日本全国の時計生産高は二四五九万個、そのうち腕時計の生産は一三一〇万個で一三・一％増、置・目覚まし時計は八五六万個で一七・八％増を示したが、掛時計は一〇七万個で九・二％の減であった。これに対し進出著しかったのは電気時計で年産一七七万個で三〇・四％の急増、このうち乾電池時計は一三五万個と四一・七％の増加を示した。このことによっても電気時計が機械式時計の分野にぐんぐんと進出しつつあったことが分かる。ともかく時計は大きく変わりつつあった。その時計の変化は、従来の機械時計の内部からの技術革新によるというよりか、周辺部とくに電気工学、コンピューター、情報科学など一連の技術革命のなかから起こってきたことは注目してよい。この技術革新にいち早く対応し、それを時計生産に応用することで急速に浮上してきたのが日本である。

　原子時計を別にすれば、ウオッチの電子化革命の軸になった発明は二つある。トランジスターと水晶発振式時計《クオーツ・クリスタル》である。トランジスターは一九四八年に発明されたが、それは機械時計の脱進機を不要にした一方、ウオッチの電子化への道を開いた。また水晶発振式クロックは既に一九二九年、カナダ人W・A・マリソンがアメリカで発明していたが、水晶の発する振動を電子回路において一定の時間間隔に制御することで、平衡輪《バランス・ウイール》や振子を不要にしたばかりか、時間の精度を著しく高めた。ところが、トランジスターと水晶発振の電子回路の競争になると、電子産業の発達していた日本が有利な条件をもっていた。

　一九六七年、スイスの電子時計センター（CEH）はクオーツ腕時計の開発に成功したと発表したが、この年スイスで催されたヌーシャテル天文台クロノメーター・コンクールで、水晶発振式ウオッチの一位から五位までを日本のセイコーが獲得し、世界を驚かした。こうしてセイコーは一九六九年十二月、世界に先がけて水晶発振式高精度電子腕時計「SEIKOクオルツアストロン」を一般に発売することになるが、当時十八金側、皮バンド付、四十五万円、内部構造は水晶振動子とIC、超小型ステップ・モーターを使った文字どおりエレクトロニクス・ウオッチで、誤差一日プラス・マイナス〇・二秒以内という高精度で、動力源の銀電池一個で一年以上駆動するものであった。しかしこれにはまだ時針・分針がついていた。

ところで時計が真の電子化を達成するためには、時計から機械で動く部分がなくなることでなければならない。こうしてアナログ型式からデジタル型式の時間表示へ移ってゆくのであるが、それを開発したのは、アメリカのハミルトン社である。一九七二年、ハミルトン社は黒いスクリーンに数字が輝いて浮かび出るクオーツ・デジタル「パルサー」を開発した。これによって世界の流行は、クオーツ・デジタル・ウオッチへと流れが変わった。こうした流れの変化のなかで、いち早く大量生産で頭角を現わしてきたのもまた日本の時計業界であった。

ハミルトン社より一年遅れて、セイコーがクオーツ・デジタルを発表、そのときの販売価格はなんと一三万五〇〇〇円。しかし日本におけるその後の機械時計から電子化への転換は短期間に革命的変化をとげる。すなわち昭和五十年（一九七五）には、ぜんまい時計二七〇七万個、クオーツ三二五万個であったのが、昭和五十四年（一九七九）には、ぜんまい時計二七〇二万個と停滞的であったのに、クオーツの方は実に三三八八万個と、ついにぜんまい時計とクオーツ電子時計はその生産量が逆転した。しかも昭和五十年から五十四年の五年間、クオーツの伸びは数量で約十倍という驚異的なものであった。その結果、クオーツの価格も急速に低下、昭和五十年に平均七―八万円もしたデジタルが、昭和五十四年には実に五〇〇〇円を切っていた。たんに価格が下がっただけではなく、かつて時計の値打ちを左右していた精度において、メーカーの技術差はほとんどなくなり、精度による価格差がつけにくくなったのである。

ウオッチの国別生産推移（単位：100万個）

| 年 | 日本 | スイス | アメリカ | ソ連 | アジア諸国 | その他 | 世界合計 |
|---|---|---|---|---|---|---|---|
| 1971 | 24.3 | 76.0 | 21.0 | 24.0 | 2.8 | 30.6 | 178.7 |
| 73 | 28.0 | 91.2 | 22.5 | 25.5 | 7.2 | 37.9 | 212.3 |
| 75 | 30.2 | 75.2 | 26.5 | 30.0 | 16.0 | 40.5 | 218.4 |
| 77 | 44.7 | 85.7 | 30.8 | 35.3 | 14.0 | 38.2 | 248.7 |
| 78 | 49.2 | 82.9 | 32.0 | 37.0 | 30.2 | 38.1 | 269.4 |
| 79 | 59.7 | 73.1 | 20.4 | 38.0 | 51.7 | 35.5 | 278.4 |
| 80 | 87.9 | 87.7 | 12.0 | 38.0 | 64.2 | 29.7 | 319.5 |

〔資料：日本時計協会〕

**スイス時計工業の敗北**　こうしてクオーツ電子時計が開発されてから、世界の時計業界はすっかり変貌した。日本がその間いかにスイスやアメリカを抑えて世界の王者にのし上がってきたか。アメリカの週刊経済誌『ビジネス・ウィーク』が、さきにも紹介したように「セイコーのなぐり込み」と題して、日本の躍進ぶりを特集したのもそうした背景をふまえてのことであった。

日本の躍進によって大きな痛手をうけたのは、スイスとアメリカである。

ウオッチのスイスといわれたそのスイス時計工業が、いかに急速に生産シェアを後退させていったか。とりあえず上の表を見ていただきたい。一九七三年（昭和四十八年）には、スイスはウオッチを九一二〇万個生産しており、日本の総生産量二八〇〇万個をはるかに凌いでいた。この数字を世界のウオッチ生産のシェアでみると、スイスは実に四三％のシェアを押さえてダントツであり、二位の日本の一三％を大きく引き離していた。

ところが一九八〇年になると、つい数年前まで四〇％以上のシエアを誇っていたスイスも二七％に落ち込んだばかりか、生産数量においても減少の傾向を辿り、ついに日本にわずかではあるが追い抜かれてしまった。

どうしてスイス時計工業は日本との競争に敗れて後退したのか。それは一世紀半前のイギリス時計工業がスイスにやられていったのとよく似ている。これをひと言でいうと、スイスは電子化時代の新技術導入に遅れをとったということである。一貫流れ作業による大量生産方式をとっている日本、アメリカに対し、水平分業方式によるスイスは生産規模が小さく経営基盤の弱い家族企業を多く抱えていた。例えば一九七二年の企業統合・集中化以前には、スイスの時計メーカーは約一二〇〇社あったといわれる。しかも登録ブランド数は、正確な数は分からないが数百種もあり、実際に商品として出回っているものだけでも約一八〇種もあったといわれる。この小規模経営とブランドの多様さは、日本の時計工業と好対照をなしている。しかもスイスは伝統的な技術とブランドの上にあぐらをかき、電子化の先端技術に対する一種の拒否反応を示し、積極的なマーケティングに欠けていた。これでは激しい国際競争に敗れてゆくのもやむをえないであろう。

**アメリカの後退**　さきに掲げた統計表「ウオッチの国別生産推移」をみると、技術革新期の七〇年代、アメリカは一九七一年の生産個数二一〇〇万個から、七八年には三二〇〇万個へと生産が伸びていたにかかわらず、七八年をピークとして急速に生産が減少しているのが注目をひく。八〇年には七一年の約半分を少し上回る一二〇〇万個という凋落ぶり。アメリカはもはや世界の時計生産国として脱落したといっても過言ではない。

かつてウオルサム、エルジン、ハミルトンなどのブランドを輩出し、隆盛を誇ったアメリカ時計工業、どうしてこんな事態になったのであろうか。すでに一九六〇年代、労賃コストの高さに起因する破産などにより、生産メーカーはしだいに淘汰され、時計産業は斜陽産業と目されていた。その後時計の電子化に伴い、確立した基盤のあったエレクトロニクスを武器に、七三年ごろから半導体メーカーがいっせいにデジタル・ウオッチの生産に参入した。そのため一時は六十社を数えるほどであった。ところが、過剰生産と激しい価格競争のためについてゆけず、一時は飛躍的な伸びを示したテキサス・インスツルメントもついに時計部門から撤退する。一九八〇年にアメリカのウオッチ生産が急速に減退するのは、一つはそうした事情が絡んでいた。国内生産が減少した分は輸入によってまかなわれたわけで、八〇年にはアメリカの輸入依存率は八〇％へと上昇した。それではどこから輸入したかというと、注目すべきはスイス、日本に伍して進出めざましいのが香港である。

香港の時計工業は、一九七〇年には工場数わずか三にすぎなかったのが、七九年には工場数二五〇、従業員数一万六〇〇〇人へ急成長、七〇年代における最大の成長産業となり、香港における第四番目の大産業に発展した。そして八〇年にはウオッチおよびムーブメントの輸出国としては、数量では日本、スイスを追い抜き世界一の輸出国になった。香港の時計工業の特徴は、これをひと言でいえば、自由港と豊富な低労賃労働力を利用した、輸入部品の組立産業として発展したということである。

**TVウオッチの出現**　ともかく一九六九年に最初のクオーツ・ウオッチが日本で生産・発売されて以後、電子ウオッチが世界の主流になった。その結果何が起こったかというと、機械時計はもはや機械時計でなくなったということだ。長い間機械時計の動力として心臓の役割を果してきたぜんまい、それにクロックの振子、脱進装置が姿を消しただけではない。時計の顔ともいうべき文字板、その上を駈ける二本または三本の針さえ、いまやなくなろうとしている。アナログからデジタルへの移行は人間の保守的心理を考えると、そう簡単に進むとは思われないが、機械時計がつくってきた十四世紀以来の長い歴史をひとまず終わろうとしていることは間違いない。とはいっても誤解のないために言っておくと、私は何も時計の歴史が終わったといっているのではない。十四世紀初めに出現した機械時計のメカニズムそのものが、いまや原理をまったく異にする水晶振動式電子ウオッチによってとって代わられたということである。その契機になったのが、実は機械時計を生んだ西洋ではなく、アジアの一角の日本の電子ウオッチであったというのは歴史の皮肉であろうか。

昭和五十七年六月十六日の新聞は、こぞってセイコー・グループがTVを組み込んだ腕時計の開発に世界で初めて成功したことを報じ、世間をあっと驚かせた。しかしTVウオッチの出現は予期されなかったわけではない。既に「○○ウオッチ」と称するさまざまな「ウオッチ」が店頭に溢れていたからである。小学生には漫画のついた漫画時計やインヴェーダーゲームのついたゲーム・ウオッチ、中・高校生にはカレンダーやストップ・ウオッチのついたものから、電話をかける時刻、デートの時刻をセットしておけば、受話器、デートの図形が出てくるウオッチ、心拍数を数字で示すジョギング用ウオッチ、入試の試験官をあわてさせた電卓ウオッチ、英単語をぎっしり記憶させた辞書つきウオッチ等々。いずれも「ウオッチ」と名前はついているが、時計本来の機能はどちらかというと第二義的で、主な目的はインヴェーダーゲーム、電卓、英単辞書などで、それを腕にはめることが若者にとってナウい風俗になった。だからこのごろのヤングは、時計を一つだけもっているのではなく、いくつも型や色のちがった時計をもっていて、外出時のドレスや靴にあわせて時計を選ぶアクセサリ時代、ファッション時代を楽しんでいる。またライター、ボールペン、ペンダントなどにも、デジタル・ウオッチが組み込まれているように、時計はもはや単独の商品としてではなく、パーツとしてしか成立しなくなりつつある。

ところで、ここに一つの興味深い調査がある。ちょうど機械時計がその歴史を終えたと思われる昭和五十五年、矢野経済研究所が行なった「時計市場における消費需要の質的変化と流通の変革」という時計の市場調査がそれである。その調査対象と方法は、首都圏に居住する十五—六十五歳の男女約七〇〇〇人の無作為サンプリング。アンケート調査は「腕時計はもはや完全にファッションであるかどうか」を問う。「そう思う」という人は実に六三・七%、男女別では男性が五七・六%に対し、女性は六九・八%。女性の方がファッションとしての認識度が高い。また、「腕時計は社会的地位を示すものであるかどうか」を問う。「そう思う」一三・七%、「そう思わない」六〇・三%。それと関連して「スイス製腕時計の価値は永遠であるかどうか」という問いに対し、「そう思う」一五・九％、「そう思わない」五三・一％となっている。

この結果から、明らかなことは、腕時計がステイタス・シンボルである時代が終わったこと、および日本人のスイス製時計への信仰がまったく崩れてしまったことである。こうして人びとの意識調査からも機械時計が大きな歴史的転換期を迎えたことが分かる。事実、時計はすでに時計屋の店から離れ、ファッション・ショップ、文房具屋、子供の玩具店、スーパーなどへ店舗が分散した。ウオッチは電池の入れ換えですむから、機械の分解掃除とか修理といった時計修理工の仕事がなくなった。しかし、ウオッチのすべてが安ものの大衆商品になったのではなく、高級品も相変わらず多い。高級品といっても精度において安ものとほとんど変わらない。高級腕時計はむしろ宝石類の一種として価値を留めているにすぎないのである。

**時間のパーソナル化時代**　ともかくいまや旧い機械時計とウオッチのステイタス・シンボルの時代は終わり、デジタル・クオーツの新しいパーソナル化時代へ転換しつつある。ハードとしてのウオッチ革命は、たんに生産技術や需要・販売市場構造の変化をもたらしただけではない。注目すべきは、ソフトの時間文化の面で人びとの生活を変えつつあるということだ。それは端的にいって時間のパーソナル化である。

そもそも機械時計の歴史を振り返ってみると、時計は私たちの思考や生活を大きく変える契機であったことが分かる。すなわち中世都市に機械時計が出現した十四、五世紀以降、ヨーロッパでは神のものであった時間が、新興商人階級を中心とする都市共同体のものになった。一方、機械時計のつくる人工の時間が自然の時間に代わって、人びとの生活を規制し生産を組織するようになった。

やがてウオッチの出現とともに、時間は共同体のものから個人のものになってゆく。しかし時計をもつことのできたのは貴族やブルジョワで、彼らは時計によって労働を管理し支配した。それまでは時間にとらわれずに良い作品をつくるという作品中心の仕事をしてきたのに、いまや人びとは時計のつくる人工の時間に縛られる時間労働に駆り立てられるようになった。時間が利潤を生むという「タイム・イズ・マニー」を背景に資本主義が成立し、社会は時計管理社会になった。そして時計、しかも高級時計がブルジョワのステイタス・シンボルになった。

一方、時間に縛られた労働者は、いかに時計管理社会から解放され、自由な自分自身の時間を獲得するために闘ったか。労働運動の歴史は労働時間短縮の歴史でもあった。こうして労働時間はますます短縮される一方、自由な余暇時間が増大してゆく。余暇時間の増大と併行してウオッチの大衆化、時間の個人化もまた着実に進行した。

ところが一九七〇年代初めから起こってきたのが、ウオッチのクオーツ電子化。この画期的な技術革命はウオッチをブルジョワのステイタス・シンボルの地位から引きずり下ろすとともに、ウオッチのパーソナル化を決定した。しかも若者たちが中心になってウオッチを風俗商品化したことは、時間管理社会への痛烈なパロディであった。

ウオッチのパーソナル化は、増大した余暇時間のパーソナル化に外ならない。若者といわず、老人から子供まで、男も女も、すべてウオッチをもつことによって時間を個人のものにした。しかも高齢化社会への移行とともに個人のもつ余暇時間は大幅に増えつつある。こんな時代は人類史上かつてなかったことだ。

この結果、時間文化に大きな変化が起ころうとしている。アルビン・トフラーは『第三の波』（徳山二郎監修、日本放送出版協会）のなかでつぎのようにのべている。

「一週間に三日とか四日しか働かない人びとがすでに大勢いる。半年、一年と休暇をとって、勉強したり、遊びに行くという人も多い。夫婦共働きの家庭がふえると、この傾向にますます拍車がかかる。賃金労働者がふえ、経済学で言うところの『労働力化率』が高くなれば高くなるほど、ひとり当たりの労働時間は短縮される」

こうして余暇もますます増加するわけだが、いまや余暇の問題が見直されねばならない時期にきているとトフラーはいう。

トフラーによれば「（余暇とは）自分自身のために商品やサービスを生産する活動、つまり生産《プロシユーミング》＝消費活動である。こういう観点で見ると、これまでのような、労働と余暇《レジャー》の区別はできなくなってしまう。労働か余暇かという区別が問題なのではなく、賃金を目当てとする労働か、自分自身のためにするA部門の活動かという区別の方が、よりいっそう、問題になるのである」という。

私はそれを時間のパーソナル化とよぶ。それでは時間のパーソナル化の結果、人びとの生活様式は具体的にどうなるのだろうか。

トフラーはつぎのような生活様式を想像している。新しい世代は賃銀を得るためだけの仕事に専念しない世代である。彼らは自宅にもさまざまな機械や工具を備えつけ、日曜大工に精を出したり、電子ミシンで自分のワイシャツをサイズに合わせて縫ったりする。つまり市場のために働く時間が一年のうち半分で、あとの半分は、市場以外の仕事に打ち込んだり、ときにはまる一年休みをとることもある。「そうなれば、より豊かで変化に富んだ、退屈を知らない生活が楽しめるようになる。第三の波の文明の生活様式は、第二の波のそれにくらべて、より創造的で、市場志向の弱いものになる」と。

トフラーの主張はともかく、この増大した余暇時間、パーソナル化した時間を何のために、どのように使うのか、われわれはいま新しい歴史の入口に立っているのである。

# あとがき

私が時計の魅力にとりつかれてから、もうかれこれ二十年になる。初めてヨーロッパを訪れたとき、私の心に大きな印象と感動を与えたものは、市庁舎や教会、大学、マーケット・プレイスなど、市民の集まるところに必ず設けられている時計塔であった。その個性的でロマンチックな姿や、音楽のように美しく響く鐘の音に魅せられてしまったばかりではない。博物館や王宮、貴族の館《やかた》を訪れると、そこには必ず珍しい天文時計や分針のついた懐中時計、豪華な置時計、背の高い箱型の振子時計などが飾ってあった。しかも十七、八世紀、ときには十六世紀につくられた、これらの時計が、いまなお生きて動いているのは驚きであった。当時近代化・工業化の課題に取り組んでいた私は、江戸時代の日本人はどうして時刻を知ったのかと、想いを日本にはせながら、ますますヨーロッパの時計に魅せられていった。

それ以来ずっと、経済史家としての私は、いったいヨーロッパ近代史にとって、時計とくに機械時計とは何であったのか、またそれがつくる人工の時間が近代社会の成立とどう関わってきたのか、という問題を考えてきた。ところが私はやがて、もう一つの問題に直面することになった。それは東西文化接触の問題である。というのは、機械時計は発明されてまもなく、ヨーロッパ人の手によって遙か中国・日本までもたらされたからである。

当時の機械時計は、いわば今日のエレクトロニクスに当たる西洋物質文明の最高のレベルを代表するものであった。とすれば、この最先端技術を代表する機械時計に対し、中国と日本はどのように対応したのであろうか。こうして時計の問題は、ヨーロッパの近代化だけに関わる問題ではなく、アジアも含めたグローバルな問題に拡がっていったのである。

ところでここで強調しておきたいことは、この西洋の最先端技術のインパクトに対して、日本人は不定時法の現実生活に合うように工夫をこらし、独自の時計をつくったということである。日本人が発明した世界でも例のないユニークな時計、それが実は「和時計」とよばれているものである。しかし和時計は、明治六年一月一日西洋の定時法システムを採用して以来、無用の長物となった。そのため、ほとんどの日本人は、残念なことにこの貴重な日本の文化財を忘れてしまった。しかし果たして和時計の技術と伝統まで忘れてしまったのだろうか。

本書の書名は「時計の社会史」となっているが、内容に即していえば「時計と時間の比較社会史」なのである。すなわち時計という機械の歴史ではなく、時計がつくる知的で抽象的な人工の時間が人びとの生活とどう関わってきたかを、比較生活社会史的に考えてみたかったのである。

私はもともと日本経済史から経済史の勉強を始めた。その後長い間西洋経済史とくにイギリス経済史を専門分野として研究を重ねてきたが、その間私たちの西洋をみる眼は大きく変わった。西洋がもはや私たちのモデルでなくなったいま、逆に西洋の眼から日本をみると、どう見えるのか、私はそのことを書いてみたかった。

また十四世紀初めヨーロッパに出現した機械時計は、その発展の過程で近代化・工業化の歴史をつくってきたが、いまや機械時計の歴史は事実上終わった。そして私たちは新しい歴史の入口に立っている。高齢化社会における暮らしと時間の問題も、生産からではなく、消費と生活の原点に帰ってもう一度経済を見直す必要に迫られている。これから私たちは歴史をどう生きるべきなのか。私の比較社会史の狙いもまたそこにある。

こうして一気に書き下ろしたのが本書である。執筆に当たり、ここにいちいち名前をあげないが、実に多くの方々から有益な御教示を得た。記して感謝の意を表したい。

昭和五十八年十二月

角山　栄

# 補論　時間のパーソナル化と社会変化

『時計の社会史』は一九八四年一月に中公新書として出版された。そこでは古代からの「時計と時間」の社会史を論じた結果、明らかになったことは、機械時計の創る人工の時間は近世初めから新興商人階級、資本家階級を中心とする支配階級の下に長い間置かれてきたということである。一九八〇年代中頃『時計の社会史』の出版されたときは、時間のパーソナル化と称される大きな変化が起った時代で、これからの時間の新しい歴史が始まることは確信をもっていえたにしても、それが社会とりわけ日本社会にどのような変化をもたらすかは予告できなかった。

それから三十年を経た現代日本は、明らかに経済、政治においてはもちろん、一般市民の社会生活において大きな変化が起っていることが分る。そして目下グローバルな社会システムの大転換の時流に流され、今後どのようなシステムへ展開するのか、問題はこれからである。

変化をもたらす時間の速度はいちじるしく速くて、今後の高齢化社会の「時間」の問題、生活問題は将来日本の最大の課題になるだろう。しかしここではまず過去三十年間、「時間のパーソナル化」によって社会がどう変ったかについて考えていきたい。

### ウォッチからケイタイへ

幼稚園の子供の間で、つい最近に到るまで大金持ちのシンボルであった高級懐中時計と時間精度がほぼ同じのクォーツ時計を持つ時代がきた。これには一般市民も驚いたのなんの、数万いや数十万円もする大金持ちの懐中時計、それを背広の内ポケットから取り出し、背中をのばして時計の針を見つめて満足していた上流階級のウォッチが、時間の精度において幼稚園児の持つ千円の時計と肩を並べることになった。この時点で事実上ネジを巻く機械時計の歴史は終り、電子で動く時計の時代に移ったといってよい。一九八〇年代中頃のことである。電子が入った途端に、腕時計には時間情報の外に多様な情報が附属され、なかにはとんでもない英語辞書のついた腕時計が出たこともあった。それに関して思い出すのが大学入学試験のときのこと、試験監督者として会場内を廻っていた先生が、英語辞書のついた腕時計を持つ学生を発見、その場で腕時計をとり上げた細《ささ》やかな事件である。それ以後クォーツ時計は、時刻を示すだけではなく、その他情報の発信、受信を中心とする電信、電話の機能はもとより、辞書の代りからカメラの役割も果すなど、現在では腕時計の必要性は減少してゆく一方、ケイタイを持たないと生活できないところまで発展した。

### 時間は個人のもの

クォーツ時計の正確な時間をみんなが持つようになってから何がどう変ったのか。

いろいろな変化があったが、それにしてもたんなる変化ではなく、いままでの時間の歴史になかった革命的な時間変化が起ったことにまず注目したい。というのは、従来の時間変化は時間の所有者の歴史であって、古代には一般的に神による時間の創出・支配の歴史を作ってきた。例えば古代は神のお告げである「暦」「カレンダー」に従っての農作業の上に社会生活が営まれていた。近世・近代には神に代って商業資本家・産業資本家が「タイム・イズ・マニー」で労働者を支配していた。本書が一貫して論じてきたのはそのことである。

ところが一九八〇年代における「時計革命」がもたらした「時間のパーソナル化」によって、時間は労働者個人のものとなった。といって、被雇用労働者はまったく自由ではなく、雇用契約による労働時間などを厳守せねばならないことはいうまでもないが、従来の職場における家族的共同体は崩壊し、会社の催す休日の社員旅行、体育祭などの共同体的催しはむづかしくなった。

日本の大企業が世界に誇った集団主義的システム、あるいは家族の一員としての終身雇用制、年齢とともに賃金の上る年功序列型賃金構造といった職場における日本文化といわれてきたものは、時間を手にした個人のバラバラの行為・活動によって崩壊し始めたのである。それとともに会社にとってみれば、職場における労働の評価は、労働時間の長さよりか、労働の知的財産の創出度中心の質的効果によって決まるという方向に向って動き出したのである。

例えば家族主義的経営で有名であった松下電器産業（現在のパナソニック）が、労働時間の量から質への大転換をしたとき、「朝日新聞」一九九八年四月十九日号にはつぎのように報じられていた。

松下電器産業は四月十八日、四十代以上の中高年の社員について、年功序列型の賃金制度を二〇〇〇年をめどに廃止する方針を明らかにした。二〇〇〇年から六十五歳までの雇用延長制度を導入するのに備え、人件費の伸びを抑え、能力や実績に見合った賃金制度への移行を図る。

松下電器の給与は、当時、年齢に応じて上がる年齢給グループが約三〇％、仕事の内容や実績に応じて決まる「仕事別賃金」が約七〇％を占める構成になっていた。新制度では、入社から三十代までは一定の生活水準を確保する期間として、年齢に応じて賃金を上げる仕組は残すが、その後の昇給は能力や実績による評価を中心に据《す》えるというわけである。

このように日本が誇る経済成長、それを支えた集団主義と年功序列型賃金は音を立てて崩壊していったのである。労働者の団結によって日曜・祭日を会社に返上して、会社の発展に努力し貢献してきた労働量重視のシステムも、いまや個人の業績、個人の研究開発の「労働の質」へ大転換が起ったのである。

現代は就職難のデフレ時代であるから、とくに製造業の会社に就職するには、余程自分のもつ才能を磨いて会社を訪ねるか、そうでなければ第三次産業といわれる二一世紀のサービス産業について、自分の能力で資格をとり、生活を支える自営業を始めるしかない。

サービス産業というのは、宿泊・飲食業、小売り・卸売り業、観光、医療・福祉、教育、保育所、携帯電話などの個人サービスのほか、さらに金融・保険業、社会福祉など公務サービスが加わる。これが日本を含む世界先進国の現状である。ということは、職場における仕事上の融通・休業といった相互の助け合いが減少してゆくことを意味する。こうして職場における共同体相互扶助が消えてゆき、人間関係から放れたならば、ひとり淋しい孤独な暮らしをせざるをえないのである。時間のパーソナル化、孤独なひとり暮らしといっても、人間はひとりでは暮らしてゆけない存在であって、こうした非社会的労働者たちをどのようにして救助するのか、現代社会は深刻な悩みを抱いているのである。その悩みを救うのは、のちに述べる「もてなしの心」「人間関係の絆《きづな》」ではないかと考える。

## 家庭の時間革命

戦前はもちろん、戦後も一九八〇年代頃まで、子供たちは腕時計を持っていなかった。私が小学生であった時代は昭和ひと桁《けた》台で、近所の空地で隠れんぼうとか野球をしたり、食事をするのも忘れて遊んでいた。時間がくると、母親が「いつまで遊んでるの！　もうご飯の時間ですよ」と迎えにくる。「もうそんなに時間がたつのか」と已《や》むをえず母親といっしょに家へ帰る。

夕食の時間に気付いて迎えにきた母親、それぞれの遊び友達の夕食時間は知らないのでどうでもよいが、遊び仲間が一人減り二人減ったりすれば、遊びが終ることになっていた。昭和初期の時代は、各家庭の時計はそれぞれバラバラの時間で、数分の違いは気にしなかった。というのは、各家の時間は大黒柱に掛けた柱時計が唯一の家庭の時間であった。ラジオが普及し始めたときで、正確な時刻を正午に流してくれるけれど、毎週ネジを廻すときのほか、いちいち針の位置を直すことをしなかった。だから何時にどこで会合というふうに決めても、その約束の時間どおりにみんなが集まり成立したことは、大都市から遠く離れた地方ではありえなかった。時間の遅れをその地方の名前をつけて、○○時間だから仕方がないと云ったものだ。

ところがみんなが正確な腕時計やケイタイを持つようになってから、集合は時間どおりに始まり時間どおりに終るという時間厳守がふつうになった。講演でも時間どおりに始まり時間どおりに終らなければ、途中で立ち上って会場を出てゆく聴衆が増えている。会場を出てゆかなければ、次の会合に間に合わないからである。

「朝日新聞」朝刊には昨日の首相の「動静」が分刻みで記載されている。例えば同新聞二〇一三年十月十二日の朝刊には昨日の首相の「動静」がつぎのように記載されている。

〔午前〕9時38分、皇居。帰国の記帳。53分、官邸。10時20分、TPPに関する関係閣僚会議。49分、閣議。……（略）

〔午後〕0時1分、自民党の石破幹事長。17分、公明党の山口代表との与党党首会談。……（略）9時51分、東京・富ヶ谷の自宅。

首相の動静が朝は九時から夜は一〇時頃まで、文字どおり分刻《きざ》みでぎっしり会議や面会が詰っている。首相の動きが分刻みで記載されるようになったのは、調べてみると、一九八五年（昭和六十年）二月十三日から以降であることが分った。それ以前は〈午前〉と〈午後〉と分けて時間・分刻みもなく〈午前〉には午前中の所用が記されていただけの時代から、〈午前9時過ぎ……〉といった時間ないし半時間単位で記されていた時代をへて、一九八五年二月から分刻みになった。それは偶然かもしれないが、クォーツ時計の出現、時間のパーソナル化の時間革命と深い関係があるのではないだろうか。

そうしたなかで家庭における時間に大きな変化が起ってきた。まず戦前から戦後のテレビの始まった時代には、家族が集まって食事をし、家族揃ってテレビを見る時間があった。ところが昭和四十年代になると、子供たちは食事が終るや、親から離れて自分の部屋へ入ってドアを閉めてしまう。その頃の日本は、経済成長が毎年一〇％を越えるような活気に溢れた時代であって、各家庭いっせいに自動車を入手してマイカー族となる一方、家庭内では家庭電器製品のブームであった。夜遅くまで残業する父親とは夕食はもちろん、朝食も同席につけないといった調子で、家庭の絆が弱体化していった。さらに主婦が毎日出勤するとなると、家族は各個人バラバラな時間の孤独な生活者になる。言い替えると、いままでもっとも大切な人間関係を創り維持してきたのが、家庭の時間の個人化によって家族の絆のゆるみをもたらしたといってよい。

## 地域社会の絆

時間革命が家庭や職場における絆の弱体化をもたらしたとすれば、絆を必要とする人たちは家庭や職場以外の絆の中に幸せを求めることになる。まして定年後の男性にとって、長寿社会を生きることがいかに難しいか承知のはずである。私のことを語って大へん恐縮だが、私自身早く亡くなっているはずなのに、いつの間にか九十を越える人生を毎日を送っている。その人生経験から時間と幸せについて何がいえるのか考えてみたい。

とくに私は二十歳前後の青春時代に肺結核に罹り、三人の医者から死の宣告を受けた弱い身体である。しかも生まれたときから太平洋戦争の終りまで、ずっと戦争につぐ戦争で、戦争の終った一九四五年八月、その二ヶ月前に、B29爆撃機によって自宅が破壊・炎上してしまった家なし生活、その他長い人生を顧みて、いったい人生の幸せとは何であるのか。私なりに苦労した結論の一つは、死に到るはずの結核との戦い、結果として一年間のイギリス留学も健康でやってこれたこと。帰国してつくづく感じたことは、幸せとはまず健康であること、その健康な身体を無理のない程度で、たえず経済史、生活史、社会史の研究を通じ、市民のために何らかの役に立つことを考えて「二十歳以後の附録の人生」を生きることとの幸せを知った。

第二は、地域の人たちとの人間関係を大切にし、お茶を飲みながら楽しく雑談しているときが、いちばん平和で幸せであるように思う。

しかし人間関係はたえず社会環境が変わるなかで、友好関係がいつまでも元のまま動かないはずがない。時間が変われば人間関係・信頼関係も変わる。ここでいう時間とは、太陽がもたらす自然の時間ではなく、人工的に創出される環境の時間である。時間の個人所有化以前は、絆で結ばれているため、仮に「いじめ」があったにしても、現代のような悲惨な状態はあまり例がなかったと思われる。

戦前・戦中時代の日本にあった、もう一つの絆、それは隣り近所おつきあいで重要な役割を果していた隣組である。それに対し戦後の町づくりの特徴は、増加する都市人口に対し、高層住宅ビルが立ち並ぶニュータウンであった。そのために隣組時代の地域社会が事実上崩壊して、「隣りは何をする人ぞ」といわれるまでニュータウンにおける人間関係は一般的には成立しなくなったといってよい。

そうした状況のなかで登場したのが、地域の歴史と文化を基礎とする町おこしで、そのひとつが新聞社などを中心に設立されたカルチュア・センター、あるいは高齢者を対象とした老人カルチュア・センターといった勉強家の集まりである。しかしそれらが新時代の地域社会の仲間づくりと直接結びつくには余りにもバラバラであって、リーダーがいないなどコミュニケーションの条件が揃っていない。

そんななかで二一世紀日本でもっとも活力のある女性たちが、新時代の「茶の間」をつくり、そこで集まった仲間たちとともに、実に明るく楽しく活躍しているグループが堺市泉北ニュータウンにある。グループ・スコーレの仲間たちがそれである。

## グループ・スコーレ

グループ・スコーレについては、拙著『茶ともてなしの文化』(NTT出版、二〇〇五年)の中で紹介しているほか、新聞紙上での掲載や一般市民の口伝えなどで世間に広く知られるようになったので、改めて詳しい解説は不要かと思う。

グループ・スコーレはいま日本各地で活性化しつつある市町村主催の町おこしではなく、かつてイギリスの女性が中心となって作ったアフタヌーン・ティの日本版というか、昼間の空いた時間と家庭内の一室を利用して集ったのが始まり。しかし女性たちはたんにティを飲むために集まったのではなく、グループ・スコーレのタイトルのとおり、グループで勉強するための学校をつくった。

年齢五十―六十代の女性といえば、子育ては一応終り、旦那の定年退職など、主婦としての役割が終った自由な時間的ゆとりのある活力ある女性である。グループ・スコーレの創立者の代表・利安和子理事が数人の仲間とともに、小生のところへ設立の挨拶に見えたとき、彼女たちグループの独自の企画を聞いて、先例がないので少々心配したが、もし初めの情熱を数年も続けることができれば大成功と期待した。

グループ・スコーレの独自の企画は「講座」にある。「講座」は原則として会員の中から講義の先生とテーマを決め、講師の先生は他の講座に出席するときは生徒になる。会員のすべては先生になったり生徒になったり、その会員の数は一九九七年の設立当初は一三人であったが、一〇周年記念の二〇〇七年には二五〇人を越え、一五周年記念の二〇一二年には二六八人、これ以上の増加は運営上差しさわりがあるので一時入会停止状態にあると聞いた。次第に会員が増えるに従って会員同志のコミュニケーションが深まり、みんなの健康を考慮してしばしば「歩く会」を催しているのが最近の現状である。

ところでグループ・スコーレにどうしてこんなに多くの会員、しかも殆どすべてが女性といった人たちが集ってきたのだろうか。会員募集のポスターで宣伝したわけではないとすれば、口込みでスコーレを知って自然に集ってきたといってよい。そしてその殆どすべてが成熟した年齢の女性で、まだ元気はつらつ、しかもみんな若くて楽しそうに見えて笑い声が絶えない。

みんなと過す時間は、楽しいひと時であるが、家に帰ると介護を待っている高齢者の家族がいるかもしれない。介護の世話は会員自身がするにしても、自分が高齢者になったとき、またひとり暮らしになったとき、果して誰に免道をみて頂けるのか。家族のものがスープの冷める遠方にいるとすれば、とりあえず隣近所の人、あるいはグループ・スコーレの知り合いの世話になるかと思う。そうすると、その人たちと今から連絡をとって、まさかの場合に備えておくことも必要ではないか。とくにグループ・スコーレでともに勉強した友人との人間関係はほかの何者にも替えがたい絆になるであろう。

　グループ・スコーレは創立当初から、高齢化社会の将来を視野に入れて出発したといわれる。しかし国家の社会福祉としてとり上げられなかった。従って政府その他からの公的資金援助などは一切貰ってない。それでもグループ・スコーレは女性の理事をリーダーとする新時代の絆による町おこしの事例として、これほど多数の会員を集めた成果に感動した。心から敬意を表したい。

本書の原本は、一九八四年に中央公論社より刊行されました。

# 参考文献


**〈一般的な文献〉**

エリック・ブラットン『時計文化史』梅田晴夫訳，東京書房社，昭和49年
小林敏夫著『基礎時計読本』(改定増補)，グノモン社，昭和42年
イリーン『時計の歴史』玉城肇訳，鮎書房，昭和17年
吉田光邦著『時から時計へ』，平凡社，カラー新書，昭和50年
Eric Bruton, *The History of Clocks and Watches*, London, 1979
C. Clutton and George Daniels, *Watches*, London, 1965
C. Clutton, G. H. Baillie & C. A. Ilbert, *Britten's Old Clocks and Watches and their Makers*, 1973 (大西平三訳『図説時計大鑑』雄山閣，昭和55年)
E. P. Thompson, 'Time, Work-Discipline, and Industrial Capitalism', *Past & Present*, No. 38, 1968
Kenneth Ullyett, *Clocks & Watches*, London, 1971 (小西善雄訳『時計』主婦と生活社，昭和48年)
F. A. B. Ward, *Time Measurement, Historical Review*, London, 1970

**〈シンデレラの時計〉**

コリン・ウィルソン編著『時間の発見』竹内均訳，三笠書房，昭和57年
大河内一男解説『職工事情』(生活古典叢書4)，光生館，昭和45年
J・ギャンペル『中世の産業革命』坂本賢三訳，岩波書店，昭和53年
ジャック・ル・ゴフ「教会の時間と商人の時間」新倉俊一訳，『思想』昭和54年9月号
杉原薫，玉井金五編『世界資本主義と非白人労働』，大阪市立大学経済学会，昭和58年
東京大学公開講座『時間』，東京大学出版会，昭和55年
『ペロー童話集』新倉朗子訳，岩波文庫，昭和57年
エルンスト・ユンガー『砂時計の書』今村孝訳，人文書院，昭和53年
K. Maurice and O. Mayr ed., *The Clockwork Universe, German Clocks and Automata, 1550–1650*, New York, 1980
L. Mumford, *Technics and Civilization*, Harcourt Brace Jovanovich, (1934), 1963 (生田勉訳『技術と文明』美術出版社，昭和47年)
S. Pollard, 'Factory Discipline in the Industrial Revolution', *Economic History Review*, 2nd ser., Vol. 16, 1963

〈東洋への機械時計の伝来〉

〈和時計をつくった人びと〉

高林兵衛著『時計発達史』, 東洋出版社, 大正13年
ジョセフ・ニーダム『中国の科学と文明』(第9巻機械工学 下) 中岡哲郎, 堀尾尚志, 佐藤晴彦, 山田潤訳, 思索社, 昭和53年
『清朝時計』, 根津美術館, 昭和37年
マカートニー『中国訪問使節日記』坂野正高訳注, 平凡社, 東洋文庫, 昭和50年
山口隆二著『日本の時計』, 日本評論社, 昭和17年
吉田浅一編『名古屋時計業界沿革史』, 名古屋商工会, 昭和28年
吉田光邦著『機械』(ものと人間の文化史), 法政大学出版局, 昭和49年
渡辺庫輔著『長崎の時計師』, 日本時計倶楽部, 昭和27年
C. M. Cipolla, *Clocks and Culture, 1300–1700*, London, 1967 (常石敬一訳『時計と文化』みすず書房, 昭和51年)
N. H. N. Mody, *Japanese Clocks*, Tokyo, 1967
J. D. Robertson, *The Evolution of Clockwork*, New York, 1931 (大西平三訳「和時計」,『国際時計通信』昭和57年7月号〜昭和58年4月号)

〈「奥の細道」の時計〉

青木一郎著『鐘の話』, 弘文堂, 昭和23年
池田半兵衛「大阪町人のいのちをかけた『時の鐘』」,『大阪春秋』34号, 昭和57年11月
『大阪市史』第1巻
『おくのほそ道』, 岩波文庫, 昭和54年
小葉田淳著『日本鉱山史の研究』, 岩波書店, 昭和43年
加藤秀俊著『新・旅行用心集』, 中公新書, 昭和57年
香取秀眞著『日本金工史』, 雄山閣, 昭和7年
ケンペル『江戸参府旅行日記』斎藤信訳, 平凡社, 東洋文庫, 昭和52年
ジーボルト『江戸参府紀行』斎藤信訳, 平凡社, 東洋文庫, 昭和42年
坪井良平著『日本の梵鐘』, 角川書店, 昭和44年
坪井良平著『梵鐘』, 学生社, 昭和51年
中部よし子「戦国時代を中心として見た城での生活」,『日本城郭大系』(別巻Ⅰ, 城郭研究入門) 所収, 創史社, 昭和56年
中部よし子著『城下町』(記録都市生活史9), 柳原書店, 昭和53年
橋爪金吉, 浅野喜市著『梵鐘巡礼』, ビジネス教育出版社, 昭和51年

橋本万平著『計測文化史』(朝日選書)，朝日新聞社，昭和57年
橋本万平著『増補日本の時刻制度』，塙書房，昭和41年
ハリス『日本滞在記』(上中下) 坂田精一訳，岩波文庫
藩法研究会編『藩法令集』12巻
『枚方市史』第８巻
麓三郎著『尾去沢・白根鉱山史』，勁草書房，昭和39年
吉田豊編訳『武家の家訓』，徳間書店，昭和47年
『和歌山県史』近世資料４
Kristof Glamann, *Dutch-Asiatic Trade, 1620–1740*, Copenhagen, 1958

〈江戸時代の暮らしと時間〉

足立政男著『老舗と家訓』，東洋文化社，昭和52年
蘆川忠雄著『時間の経済』至誠堂，明治44年
井原西鶴『日本永代蔵』，岩波文庫
『近世町人思想』(日本思想大系59) 岩波書店
作道洋太郎編『住友財閥』，日本経済新聞社，昭和57年
竹中靖一「江戸時代商家の経営理念」，『経営理念の系譜』所収，東洋文化社，昭和54年
『枚方市史』第８巻
『和歌山市史』第６巻

〈ガリヴァの懐中時計〉

開高健，田村隆一，長沢和俊編『海の冒険者・陸の思索者 (15Ｃ-17Ｃ)』(「人はなぜ旅をするのか」４)，日本交通公社，昭和57年
スウィフト『ガリヴァ旅行記』中野好夫訳，新潮文庫，昭和26年
杉浦昭典著『帆船―その艤装と航海―』，舵社，昭和47年
田中航著『帆船時代』，毎日新聞社，昭和51年
『大日本近世史科』唐通事会所日録，東京大学出版会
ベンクト・ダニエルソン『帆船バウンティ号の反乱』山崎昂一訳，朝日新聞社，昭和57年
『平戸オランダ商館の日記』(第一輯 自1627年７月至1630年10月) 永積洋子訳，岩波書店，昭和44年
Ｈ・Ｃ・フライエスレーベン『航海術の歴史』坂本賢三訳，岩波書店，昭和58年
アリステア・マクリーン『キャプテン・クックの航海』越智道雄訳，早川書房，昭和57年

茂在寅男著『航海術』，中公新書，昭和42年

Rupert T. Gould, 'John Harrison and his Timekeepers', *Mariner's Mirror*, vol. XXI, No. 2, 1935

Derek Howse and Beresford Hutchinson, 'The Clocks and Watches of Captain James Cook', *Antiquarian Horology*, 1969

**〈時計への憧れ〉**

内田星美「欧米における時計生産技術の発達―日本時計産業勃興以前―」，『日本時計産業史』研究ノート No. 9，日本経営史研究所，昭和57年３月

川北稔「産業革命と家庭生活」，『講座西洋経済史Ⅱ』（産業革命の時代）所収，同文館，昭和54年

立川昭二編『人形からくり』（遊びの百科全書６），日本ブリタニカ社，昭和55年

角山栄「イギリス近代機械工業成立の一基盤」，『矢口孝次郎博士還暦記念論文集』所収，関西大学経済学会，昭和38年

角山栄編著『産業革命と民衆』（生活の世界歴史10），河出書房新社，昭和50年

F. A. Bailey and T. C. Barker, 'The Seventeenth-Century Origins of Watchmaking in South-West Lancashire' in J. R. Harris, ed. *Liverpool and Merseyside*, London, 1969

M. D. George, *London Life in the Eighteenth Century*, New York, 1964

J. F. Hayward, *English Watches*, London, 1956

David S. Landes, 'Watchmaking: A Case Study in Enterprise and Change', *Business History Review*, Vol. 53, No. 1, 1979

S. Lilley, *Technological Progress and the Industrial Revolution, The Fontana Economic History of Europe*, Vol. 3, Glasgow, 1973

H. Alan Lloyd, *Some Outstanding Clocks over Seven Hundred Years, 1250–1950*, London, 1958

Brian Looms, *Lancashire Clocks and Clockmakers*, London, 1975

N. McKendrick, J. Brewer and J. H. Plumb, *The Birth of a Consumer Society ; The Commercialization of Eighteenth-century England*, London, 1982

William Petty, 'Of the Growth of the City of London : And of the Measures, Periods, Causes, and Consequences thereof' in *The Economic Writings of Sir William Petty*, ed. by Charles Henry Hull, Vol. II, 1964

Lorna J. Sass, *Dinner with Tom Jones : Eighteenth-century cookery adapted*

*for the modern kitchen*, New York, 1977
A. E. Musson and E. Robinson, 'The Origins of Engineering in Lancashire', *Journal of Economic History*, Vol. XX, No. 2, 1960

**〈昼間の時間と夜の時間〉**

氏原正治郎解説『余暇生活の研究』（生活古典叢書８），光生館，昭和45年
大宮真琴著『新版ハイドン』（大音楽家・人と作品２），音楽之友社，昭和56年
小池滋著『英国鉄道物語』，晶文社，昭和54年
『権田保之助著作集』第一巻（民衆娯楽問題，民衆娯楽の基調），文和書房，昭和49年
角山栄「19世紀イギリス産業資本家の経営理念」，『経営理念の系譜』所収，東洋文化社，昭和54年
角山栄，川北稔編著『路地裏の大英帝国』，平凡社，昭和57年
アルベルト・クリストフ・ディース『ハイドン，伝記的報告』武川寛海訳，音楽之友社，昭和53年
久米邦武編『特命全権大使米欧回覧実記（二）』田中彰校注，岩波文庫，昭和53年
真木悠介著『時間の比較社会学』，岩波書店，昭和56年
ピエール・バルボー『ハイドン』（永遠の音楽家16）前田昭雄，山本顕一訳，白水社，昭和45年
保柳健著『大英帝国とロンドン』，音楽之友社，昭和56年
山室軍平著『社会廓清論』，中公文庫，昭和52年
Hugh Cunningham, *Leisure in the Industrial Revolution, c. 1780–c. 1880*, London, 1980
H. J. Dyos and M. Wolff（eds.）, *The Victorian City*, 2 vols., London, 1973
W. H. Fraser, *The Coming of the Mass Market, 1850–1914*, London, 1981
B. Harrison, *Drink and the Victorians : The Temperance Question in England, 1815–1872*, London, 1971
Paul McHugh, *Prostitution and Victorian Social Reform*, London, 1980
H. Perkin, *The Age of the Railway*, Newton Abbot, 1970
E. Royston Pike, *Human Documents of the Victorian Golden Age*, London, 1967
E. Royston Pike, *Human Documents of the Industrial Revolution in Britain*, London, 1966
D. Reid, 'The Decline of Saint Monday, 1766–1876', *Past & Present*, No. 71,

1976
Reay Tannahill, *Sex in History*, New York, 1980
K. Thomas, 'Work and Leisure in Pre-industrial Society', *Past & Present*, No. 29, 1964
'Work and Leisure in Industrial Society : Conference Report', *Past & Present*, No. 30, 1965
John Wigley, *The Rise and Fall of the Victorian Sunday*, Manchester, 1980

**〈時計の大衆化〉**

玉虫左太夫「航米日録」，柴田剛中「仏英行」，『西洋見聞集』（日本思想大系66）所収，岩波書店，昭和49年
柳河春三著『西洋時計便覧』，明治２年
*The American System of Manufactures : The Report of the Committee on the Machinery of the United States 1855 and the Special Reports of George Wallis and Joseph Whitworth 1854*, edited with an Introduction by N. Rosenberg, Edinburgh, 1969
Chris Bailey, *Two Hundred Years of American Clocks and Watches*, New Jersey, 1975
Philip S. Bagwell, *The Transport Revolution from 1770*, London, 1974
R. A Church, 'Nineteenth-Century Clock Technology in Britain, the United States, and Switzerland', *Economic History Review*, 2nd ser., Vol. 28, No. 4, 1975
H. J. Habakkuk, *American and British Technology in the Nineteenth Century : The Search for Labour-Saving Inventions*, Cambridge, 1962
C. W. Moore, *"Timing a Century", History of the Waltham Watch Company*, Harvard, 1945
J. J. Murphy, 'Entrepreneurship in the Establishment of the American Clock Industry', *Journal of Economic History*, Vol. 25, 1966

**〈機械時計の歴史の終わり〉**

内橋克人著『匠の時代』第２巻，講談社文庫，昭和57年
『時計史年表』，河合企画室，昭和48年
『時計に関する生産・輸出入統計』，日本時計協会，昭和56年
通産省機械情報産業局『機械産業総覧』，通算資料調査会，昭和56年
アルビン・トフラー『第三の波』徳山二郎監修，日本放送出版協会，昭和55年

『時計市場における消費需要の質的変化と流通の変革』，矢野経済研究所，昭和55年
*Business Week*, June 5, 1978

**〈時間のパーソナル化と社会変化〉**

角山榮『シンデレラの時計—人びとの暮らしと時間—』．ポプラ社教養文庫23，平成４年
角山榮『時間革命』．新書館，平成10年
角山榮『シンデレラの時計—マイペースのすすめ—』．平凡社ライブラリーoff シリーズ，解説＝川勝平太，平成15年
角山榮「シーボルトの『旅』における時計と地図」．図録『シーボルト、日本を旅する』所収，堺市博物館，平成８年
角山榮「近世日本人の時間意識と時間革命」．伊東俊太郎編『日本の科学と文明—縄文から現代まで—』所収，同成社，平成12年
角山榮『茶ともてなしの文化』．ＮＴＴ出版，平成17年

著者略歴
一九二一年　大阪市に生まれる
一九四五年　京都帝国大学経済学部卒業
和歌山大学助教授・教授・学長、奈良産業大学教授、堺市博物館長を歴任
現在　和歌山大学名誉教授　経済学博士

〔主要著書〕
『茶の世界史』（中央公論社、一九八〇年）、『路地裏の大英帝国』（共編、平凡社、一九八二年）、『「通商国家」日本の情報戦略』（日本放送出版協会、一九八八年）、『茶ともてなしの文化』（NTT出版、二〇〇五年）

読みなおす日本史

時計の社会史

二〇一四年（平成二十六）三月一日　第一刷発行

著　者　角《つの》山《やま》　榮《さかえ》
発行者　前田求恭
発行所　株式会社 吉川弘文館
郵便番号一一三―〇〇三三
東京都文京区本郷七丁目二番八号
電話〇三―三八一三―九一五一〈代表〉
振替口座〇〇一〇〇―五―二四四
http://www.yoshikawa-k.co.jp/
組版＝株式会社キャップス
印刷＝藤原印刷株式会社
製本＝ナショナル製本協同組合
装幀＝清水良洋・渡邉雄哉


ISBN978-4-642-06574-0

読みなおす日本史

# 刊行のことば

現代社会では、膨大な数の新刊図書が日々書店に並んでいます。昨今の電子書籍を含めますと、一人の読者が書名すら目にすることができないほどとなっています。ましてや、数年以前に刊行された本は書店の店頭に並ぶことも少なく、良書でありながらめぐり会うことのできない例は、日常的なことになっています。

人文書、とりわけ小社が専門とする歴史書におきましても、広く学界共通の財産として参照されるべきものとなっているにもかかわらず、その多くが現在では市場に出回らず入手、講読に時間と手間がかかるようになってしまっています。歴史の面白さを伝える図書を、読者の手元に届けることができないことは、歴史書出版の一翼を担う小社としても遺憾とするところです。

そこで、良書の発掘を通して、読者と図書をめぐる豊かな関係に寄与すべく、シリーズ「読みなおす日本史」を刊行いたします。本シリーズは、既刊の日本史関係書のなかから、研究の進展に今も寄与し続けているとともに、現在も広く読者に訴える力を有している良書を精選し順次定期的に刊行するものです。これらの知の文化遺産が、ゆるぎない視点からことの本質を説き続ける、確かな水先案内として迎えられることを切に願ってやみません。

二〇一二年四月

吉川弘文館

読みなおす日本史

| | | | |
|---|---|---|---|
| 飛 鳥 | その古代史と風土 | 門脇禎二著 | 二五〇〇円 |
| 犬の日本史 | 人間とともに歩んだ一万年の物語 | 谷口研語著 | 二一〇〇円 |
| 鉄砲とその時代 | | 三鬼清一郎著 | 二一〇〇円 |
| 苗字の歴史 | | 豊田 武著 | 二一〇〇円 |
| 謙信と信玄 | | 井上鋭夫著 | 二三〇〇円 |
| 環境先進国・江戸 | | 鬼頭 宏著 | 二一〇〇円 |
| 料理の起源 | | 中尾佐助著 | 二一〇〇円 |
| 暦の語る日本の歴史 | | 内田正男著 | 二一〇〇円 |
| 漢字の社会史 | 東洋文明を支えた文字の三千年 | 阿辻哲次著 | 二一〇〇円 |
| 禅宗の歴史 | | 今枝愛真著 | 二六〇〇円 |
| 江戸の刑罰 | | 石井良助著 | 二一〇〇円 |
| 地震の社会史 | 安政大地震と民衆 | 北原糸子著 | 二八〇〇円 |
| 日本人の地獄と極楽 | | 五来 重著 | 二一〇〇円 |
| 幕僚たちの真珠湾 | | 波多野澄雄著 | 二二〇〇円 |
| 秀吉の手紙を読む | | 染谷光廣著 | 二一〇〇円 |

吉川弘文館
(価格は税別)

読みなおす日本史

大本営　森松俊夫著　二二〇〇円
日本海軍史　外山三郎著　二一〇〇円
史書を読む　坂本太郎著　二一〇〇円
山名宗全と細川勝元　小川　信著　二二〇〇円
東郷平八郎　田中宏巳著　二四〇〇円
昭和史をさぐる　伊藤　隆著　二四〇〇円
歴史的仮名遣い その成立と特徴　築島　裕著　二二〇〇円
時計の社会史　角山　榮著　二二〇〇円
漢　方 中国医学の精華　石原　明著　（続　刊）
墓と葬送の社会史　森　謙二著　（続　刊）
大佛勧進ものがたり　平岡定海著　（続　刊）
姓氏・家紋・花押　荻野三七彦著　（続　刊）
戦国武将と茶の湯　米原正義著　（続　刊）
悪　党　小泉宜右著　（続　刊）
安芸毛利一族　河合正治著　（続　刊）